山核桃林地土壤生态过程及调控

吴家森 黄坚钦 张 勇 主编

科学出版社

北 京

内 容 简 介

　　山核桃是我国特有的优质干果和木本油料树种，天然分布于浙、皖交界的天目山区。本书以山核桃林地土壤养分时空变化为主线，重点阐述了山核桃林地土壤肥力的时空格局及影响因素、土壤有机碳与经营年限、土壤肥力与林地转化、土壤质量与生草栽培、土壤养分流失与施肥、土壤温室气体排放与人为经营、土壤管理与果实品质等内容，旨在为山核桃产业的可持续发展提供理论和技术指导。

　　本书可为林学、土壤学、生态学、农学及相关专业的师生和研究人员提供参考，也可为山核桃、薄壳山核桃等坚果生产经营者提供技术支持。

图书在版编目（CIP）数据

山核桃林地土壤生态过程及调控 / 吴家森，黄坚钦，张勇主编. —北京：科学出版社，2021.12
　ISBN 978-7-03-070468-9

Ⅰ. ①山… Ⅱ. ①吴… ②黄… ③张… Ⅲ. ①山核桃-山地-土壤生态学-研究 Ⅳ. ①S664.106

中国版本图书馆 CIP 数据核字（2021）第 226620 号

责任编辑：张会格　刘　晶/责任校对：郑金红
责任印制：吴兆东 / 封面设计：刘新新

科学出版社 出版
北京东黄城根北街 16 号
邮政编码：100717
http://www.sciencep.com

北京虎彩文化传播有限公司 印刷
科学出版社发行　各地新华书店经销

＊

2021 年 12 月第　一　版　开本：720×1000　B5
2021 年 12 月第一次印刷　印张：11 3/4
字数：237 000

定价：138.00 元
（如有印装质量问题，我社负责调换）

《山核桃林地土壤生态过程及调控》编委会

前　言

山核桃(*Carya cathayensis* Sarg.)是我国特有的优质干果和木本油料树种,天然分布于浙、皖交界的天目山区,其中浙江省杭州市临安区的栽培面积最大,素有"一棵山核桃成就了临安 57 万亩(1 亩≈667m²)的摇钱树"的美称。

20 世纪 90 年代初,由于山核桃产业的比较效益较高,大量阔叶混交林改造为山核桃纯林,肥料、草甘膦的大量施用,造成林下灌木、草本层缺失,水土流失严重,土壤质量发生了较大的改变。土壤是植物生长所必需的营养元素的重要来源,是植物与环境间进行物质和能量交换的场所,土壤生态过程的变化直接影响着森林营养库的大小、养分的可利用性和林地经营的可持续性。为深入探讨山核桃经营对土壤生态系统的影响,本书以山核桃林地土壤养分时空变化为主线,重点阐述了山核桃林地土壤肥力的时空格局与影响因素、土壤有机碳与经营年限、土壤肥力与林地转化、土壤质量与生草栽培、土壤养分流失与施肥、土壤温室气体排放与人为经营、土壤管理与果实品质。

本书共分 12 章,第一章回顾了山核桃栽培概况;第二章介绍了研究区概况与研究方法;第三章分析了山核桃林土壤肥力的时空格局及影响因素;第四章阐明了不同经营年限山核桃林土壤有机碳特征及影响因素;第五章探明了针阔叶混交林转变为山核桃林后土壤肥力的变化;第六章研究了生草栽培对山核桃林土壤质量的影响;第七章阐述了施肥与植物篱对山核桃林土壤养分流失的影响;第八章探究了土壤微生物多样性与山核桃干腐病之间的关系;第九章探究了土壤管理及采收方式对山核桃生长的影响;第十章剖析了施肥对山核桃林土壤温室气体通量的影响;第十一章解析了生草栽培对山核桃林土壤温室气体通量的影响;第十二章总结了本书的主要结论,提出了山核桃林地土壤管理的建议。

本书研究工作得到浙江省自然科学基金(LY20C160004)的资助,研究工作实施过程中得到杭州市临安区农林技术推广中心的大力支持,谨此表示诚挚的感谢。

由于作者研究领域和学识的限制,书中难免有不足之处,敬请读者不吝批评、赐教。

吴家森　黄坚钦　张　勇

2020 年秋于杭州

目　录

第一章　山核桃栽培概述

第一节　山核桃简介

一、山核桃的栽培历史

胡桃科(Juglandaceae)山核桃属(*Carya*)植物是优良的木本油料作物,果实具有较高的含油率和营养价值,是世界著名干果。全世界现存山核桃属有 18 个种和 2 个亚种,主要分布于北美东部地区及亚洲东南部地区,我国分布有 5 种,分别为山核桃(*C. cathayensis*)、越南山核桃(*C. tonkinensis*)、贵州山核桃(*C. kweichowensis*)、湖南山核桃(*C. hunanensis*)和大别山山核桃(*C. dabieshanensis*);引入栽培 1 种为美国山核桃(*C. illinoinensis*),又称薄壳山核桃。其中,以山核桃的价值和开发程度最高。

山核桃又称浙江山核桃,是我国特有的优质干果和木本油料植物,产于浙江临安、淳安、桐庐、安吉,以及安徽等地。到目前为止,山核桃林主要分布于浙、皖交界的天目山区,其中以浙江临安最多。山核桃的种植历史悠久,对化石资料的研究显示,远在 4000 万~2500 万年前的第三纪,我国华东地区就有分布,后因第四纪冰川毁灭,仅在浙、皖交界的天目山区保留下来。在弘治十五年(公元 1502 年)的《绩溪县志》中记有 "山胡桃食小而核薄";嘉靖六年(公元 1527 年)的《宁国县志》中也有 "山核小而圆,肉似核,核能榨油,壳可助火" 的记载;明万历《群芳谱》和清康熙《广群芳谱》均记载 "南方有山核栎,底平如槟榔,皮(壳)厚而坚,多内少瓤,其壳甚厚,须椎之方破"。这些记载均指山核桃多山野自生,少为林木栽培。故一般文献记载山核桃利用历史为 500 年,而作为人工栽培是近 100~200 年的事。

二、山核桃的生物学与生态学特性

(一) 山核桃的生物学特性

山核桃为落叶乔木,小枝髓心充实。奇数羽状复叶,小叶具锯齿。4 月上中旬展叶,4 月底至 5 月初开花,5 月底至 6 月初雄花开始分化,并很快分化出三个雄花序轴原基以及苞片,7 月中旬以后停止分化,进入休眠,直至次年的 4 月中下旬完成雄花序的分化,从开始分化至结束总共历时 11 个月。与雄花花芽不同,雌花花芽开始分化是在 4 月初至 4 月中旬之间,并且分化速度十分迅速,仅 14d 左右就能完成分化过程。山核桃果实于 9 月上旬及中旬成熟,每年白露前后开始采收，10 月下旬起开始落叶，11 月至次年 3 月为山核桃的休眠期。

(二) 山核桃的生态学特性

山核桃主要分布于浙、皖两省交界的天目山区，地处北纬 29°～31°、东经 118°～120°，所在地年平均气温 13.5～17.2℃，年降水量 1000～1500mm。山核桃为半阴性树种，在海拔 200～800m 的背阴面生长较好。山核桃在生长过程中需要充沛的雨水，但在不同的物候期对雨水的需求量也不同。在春梢生长和花器生长发育期间，需要充足的雨水，在开花期雨水过多则会导致授粉率下降，对山核桃的坐果率产生巨大影响。对山核桃花芽分化和开花习性的研究显示，花期降水天数、降水量与产量呈显著负相关。

三、山核桃的利用价值

山核桃具有重要的营养价值和经济价值。山核桃种仁含油率高达 69.8%～74.0%，居所有木本原料之首，同时含粗蛋白 7.8%～9.6%、粗脂肪 67.5%～71.7%，富含人体所必需的钾、钙、镁等矿质元素；山核桃青果皮可入药，外用于痈肿疮疡、疥癣、牛皮癣、白癜风等症状；山核桃油富含不饱和脂肪酸，占粗脂肪的 88.38%～95.78%，具有润肺、滋补的功效，可降低血脂，预防冠心病等高危疾病；山核桃种仁中主要营养成分有 17 种氨基酸、8 种脂肪酸，具有独特的营养价值和保健价值。山核桃树体通直、木材坚硬、纹理美观、抗腐抗冲击力强，可以广泛用于军工、船舶、建筑等行业；山核桃壳不仅能提取化学原料碳酸钾和焦磷酸钾，还可以制作活性炭；山核桃叶片、果皮、树皮还可以制作杀虫剂；山核桃种仁含油量高、蛋白质丰富、营养价值高，其干果可加工成风味特产或糖果糕点等出售；作为一种比较好的经济作物，山核桃具有管理少、投入少、经济效益高等特点。山核桃的栽培对地方经济有很大的影响，目前生产、加工和销售山核桃的企业有几百家，通过各种经销渠道，已经把山核桃销往全国各地，每年带来的经济利益达到几十亿元。浙江省山核桃产量占全国山核桃总产量的 70%以上，临安区的种植面积、产量都约占全国总面积、总产量的 50%，山核桃收入占主产区农民收入的 60%～70%，是当地经济支柱产业和农民的主要收入来源。

第二节　山核桃生长的立地环境

一、地质环境

山核桃主要分布在寒武系地层中，在下奥陶统、上震旦统和燕山期花岗岩中也有分布。根据岩性组合，可将山核桃分布区的主要地层分为侵入岩、上侏罗统火山碎屑岩、下奥陶统下部的钙质泥岩、寒武系碳酸盐岩和上震旦统碳酸盐岩等 5 个岩组。

　　土壤中的微量元素是山核桃微量元素的主要来源，而岩石是土壤形成的物质基础，因此岩石和土壤中微量元素的丰度与山核桃的正常生长密切相关。山核桃果肉中含有20种元素，钾、钙、镁、铝、钠等元素的平均含量分别为3991.3mg·kg^{-1}、3760.1mg·kg^{-1}、1580.7mg·kg^{-1}、4.67mg·kg^{-1}、4.5mg·kg^{-1}，锰、钡、锌、铁、铜、钒、锶等微量元素的含量分别为102.6mg·kg^{-1}、59.1mg·kg^{-1}、68.7mg·kg^{-1}、41.9mg·kg^{-1}、18.2mg·kg^{-1}、4.2mg·kg^{-1}、7.3mg·kg^{-1}。寒武系地层中与山核桃果仁相关的微量元素中，锰、钡、钛、锶的含量较高，且变化率小；其次是铜、锌、钒、铅，其含量中等，但变化率大；而锡、铬、镍的含量低，变化率也小。土壤有机质是土壤的重要组成物质，其含量的高低对土壤形成过程以及土壤的物理、化学、生物等性质影响很大，同时它又是植物和微生物生命活动所需的养分及能量来源。

二、地形地貌

　　在山核桃适生的区域内，地形地貌对山核桃生长、结果影响较大，其中起主要作用的是海拔、坡度、坡向和坡位。

　　山核桃分布在海拔50～1200m的丘陵山地，最适宜的海拔高度为300～700m。低海拔的山核桃易受高温、干旱的危害，导致空果多；在海拔800m以上的山地，由于气温低、生长时间短，一般果实较小、产量低。

　　坡度影响土壤、水分、光热的分布。陡坡水土流失严重、土层薄、土壤肥力差，易遭旱灾，产量不高且不稳定；5°以下的坡地常因排水不良、土壤的通气性差，产量也不高。

　　山核桃幼林喜阴，结果后怕高温干旱和强光直照，80%以上的山核桃成林分布在阴坡或半阴坡。但随着海拔的升高，气温下降、湿度增大、光照减少。所以在海拔较高的地区山核桃产量阳坡高于阴坡。山核桃高产林多分布在山的中、下坡；在山顶和上坡则往往由于土薄、坡陡、强光直照、风大，生长和结果都差。

三、土壤条件

　　山核桃主要分布在低山和丘陵区，土壤成熟度低，主要为残坡积物。不同时代的地层、岩石和土壤作用对土壤的形成及演化具有明显的控制作用，形成不同类型的土壤，不同类型的土壤又控制和影响山核桃的分布及生长。山核桃分布的土壤类型出现的频率从高到低依次为寒武系泥质灰岩等母岩形成的油黄泥、下奥陶统钙质泥岩等形成的黄红泥钙质页岩土、寒武系-奥陶系泥(页)岩以及上侏罗统火山碎屑岩等形成的黄泥土、寒武系炭质泥灰岩和炭质泥(页)岩等形成的黑泥土，而黄泥沙土、黄泥土、香灰土、黄油泥、片石沙土、紫红沙土、黄泥沙土等出现频率均小于5%。不同岩性和物化性质的母岩还决定着经风化、淋滤、搬运而形成的土壤的质地、结构、含水性、理化性质和营养组成状况。

黑色石灰土、山地黄壤上的山核桃产量高、质量好，第四纪红土及幼年石灰土产量低。高产林分的土壤理化指标为酸性至中性，质地由轻壤至轻黏，有机质含量大于 15g·kg^{-1}，层厚度大于 60cm。

四、适生条件

金志凤等(2011)利用 GIS 技术对浙江省山核桃栽植的气候—土壤—地形进行了区划，综合考虑年平均气温、年降水量、年日照时数和花期晴天数 4 个气候因子，以及坡度、坡向、海拔高度、土壤类型和土壤质地等环境要素，将山核桃栽植划分为最适宜、适宜和不适宜 3 个区域。马俞高和吴竹明(2004)对浙江省果品特产地质背景值分析表明，山核桃喜深厚肥沃、微酸至中性、盐基饱和度高的土壤，适生于海拔 200～700m 山地，以钙元素质量分数高的碳酸盐岩和钙质泥页岩为宜，要求土体较厚、砾石质量分数适中、砂黏比小、质地重壤—中黏、有机质和营养元素质量分数高。安徽省的宁国、敦县、绩溪、族德等海拔 200～700m 和大别山区金寨县海拔 500～900m 的背风中坡是山核桃分布的主要区域；以石灰岩、花岗岩发育的土壤为宜，尤以石灰岩发育的黑色石灰土佳，其次是山地黄壤。安徽省宁国山核桃种植区划分为适宜种植区 7 处、一般种植区 4 处，同时发现山核桃生长较好的区域土壤中铜、锰、锌、铁、钼、硼、钴、铬、镍、硒等微量元素质量分数较高。地形和地球化学条件是影响安吉县山核桃生长的主要因子，低山区的天荒坪流纹质凝灰岩分布区土壤有效钾、氮、硫、锰质量分数高，钙、镁质量分数较高，有利于山核桃生长；以丘陵为主的杭垓碳酸盐岩分布区土壤有效磷、铁、钙、镁、铜、锌质量分数特高，山核桃长势较差；上墅石英二长岩分布区为中山区，其元素组合和山核桃长势介于二者之间。影响湖南省靖州县山核桃林生长和产量的立地因子主要是母质、土壤类型和土层厚度。大别山山核桃适宜的土壤 pH 为微酸性，果实品质与土壤肥力间的相关性显著。

第二章　研究区概况与研究方法

第一节　研究区概况

研究区位于浙江省西北部、杭州市西部的临安区(29°~31°N，118°~120°E)。临安区东西宽约 100km、南北长约 50km，总面积 3126.8km²；辖 5 个街道、13个乡(镇)、298 个行政村。临安是我国山核桃的中心产区，有"中国山核桃之都"的美称，截止到 2021 年，临安山核桃种植面积达 57 万亩[①]，年产量达 1.1 万 t。

临安地形地貌多样奇特，其境内地势自西北向东南倾斜，区境北、西、南三面环山，形成一个东南向的马蹄形屏障。西北多奇峰异岭、深谷沟壑；东南则是丘陵宽谷，地势平坦，全境地貌以中低山丘陵为主。西北、西南部山区平均海拔在 1000m 以上，东部河谷平原海拔在 50m 以下；西部清凉峰海拔 1787m，东部石泉海拔仅 9m，东西海拔相差 1778m，为浙江省罕见。境内低山丘陵与河谷盆地相间排列，交错分布，大致可分为中山—深谷、低山丘陵—宽谷和河谷平原三种地貌形态，中山(海拔 1000m 以上)面积占 5.4%，中低山(海拔 800~1000m)占8.8%，低山(海拔 500~800m)占 18.3%，丘陵岗地(海拔 100~500m)占 57.4%，河谷平原(海拔 100m 以下)占 10.4%。

临安属亚热带季风气候，温暖湿润，光照充足，雨量充沛，四季分明。年均降水量 1350~1500mm，降水日 158d，无霜期年平均为 237d，年均气温 16℃，极端最高和最低气温分别为 41.7℃和-13.3℃，年均积温 5774.0℃，年均日照时数为 1774h。境内以丘陵山地为主，立体气候明显，从海拔不足 50m 的锦城至海拔1506m 的天目山顶，年平均气温由 16℃降至 9℃，相差 7℃，相当于横跨亚热带和温带两个气候带。研究区 2013 年的降水量和月均温变化如图 2-1 所示。

临安境内山脉分北、南两支，北支为天目山脉，南支为昱岭山脉。其中，天目山脉为浙江省主干山脉仙霞岭北支，由江西怀玉山经安徽黄山逶迤入境，横亘境内西北部，总体走向从西北向东南，西起浙皖边界清凉峰(海拔 1787m)，东至临安与余杭交界的窑头山(海拔 1094m)。其主脉自清凉峰向东北逶迤，有龙塘山(海拔 1586m)、长坪尖(海拔 1226m)、马啸岭(海拔 1502m)、百丈岭(海拔 1334m)、纤岭(海拔 1014m)、千顷山(海拔 1347m)、照君岩(海拔 1449m)；支脉纵横，有柳岭

[①] 1 亩≈667m²

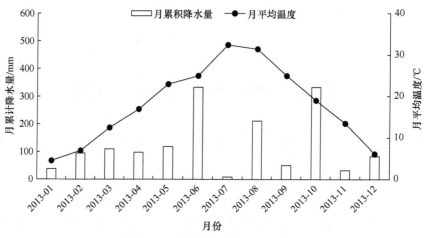

图 2-1　采样期间气温和降水量

(海拔 730m)、芦塘岭(海拔 885m)、尖山岭(海拔 853m)、康山岭(海拔 948m)、滴水岩(海拔 1217m)等。主脉经道场坪(海拔 963m)向东北后,地势下降,有桐关岭(海拔 536m)、千秋关(海拔 398m),至老虎坪地势回升,即为并峙区境北的东、西天目山。西天目山(海拔 1506m)和东天目山(海拔 1479m)双峰之北,与安吉交界,东去有龙王山(海拔 1587m)、仰天坪(海拔 1248m)、平顶山(海拔 1109m)、茶叶坪(海拔 1141m)、草山(海拔 1122m)、大山岭(海拔 988m)、木公山(海拔 1059m)、红桃山(海拔 1029m)、窑头山(海拔 1095m)等,山势向东趋低,自与余杭区交界的径山起,山势渐成尾闾,消失于杭州湾和杭嘉湖平原之间。

临安具有深厚的历史文化底蕴,其儒家、佛教、道教文化历史悠久。西汉初,随着佛教传入中国,印度僧人入天目山传教,天目山被尊为韦驮菩萨道场,历代高僧辈出,天目山佛教对东南亚尤其是日本影响很大。西天目山有道教宗师张道陵的张公舍等遗迹,青山湖街道洞霄宫村有著名的洞霄宫遗迹,昔日为江南著名道观。临安也有大禹、防风氏、秦始皇的遗迹;有保存完好的唐末五代十国之一吴越国王钱镠的墓葬和出土的钱镠父母钱宽、水丘氏墓及康陵等吴越国王陵;有郭璞、谢安、昭明太子、李白、白居易、苏轼、郁达夫等名人的足迹和诗文;还有宋代文人洪咨夔、清代数学家方克猷、现代革命烈士来学照、爱民模范赵尔春、当代著名经济学家骆耕漠、高原赤子陈金水等地方杰出人物。

近年来,临安经济水平不断发展。临安政府一直以来都致力于提高人民生活水平,面对复杂多变的国内外宏观环境,抢抓长三角一体化发展的战略机遇,积极应对外部风险挑战,全力推进经济高质量发展,经济社会发展实现稳中有进、进中提质,融杭发展不断提速,城市面貌不断改善。

第二节 试验设计与研究方法

一、山核桃林土壤性质研究

(一) 山核桃林土壤肥力的时空格局及其影响因素

1. 山核桃林土壤肥力的时空格局及变化的影响因素

1) 试验设计

本研究共采集 2 个时期山核桃林土壤养分数据。2008 年土壤样品按 1km×1km 网格在全区范围内布设,与临安区森林资源分布图相叠加,即有山核桃分布的网格点为样地,共设置 317 个样地,于 7~8 月,在选定的样地上,按"S"形布点,采集 0~30cm 的 5 个样点的土壤样品后混合,并在样地中心以 GPS 定位,测定经纬度、海拔。2013 年 7~8 月根据均匀分布原则,选择原有样地中的 239 个进行采样。土壤样品采集以后放在土壤室铺平自然风干,用木棒压碎,挑出草根、砾石等杂物,研磨后过 2mm(10 目)筛,用于测定速效养分;过 0.147mm(100 目)筛,用于测定土壤有机质,备用。

2) 研究方法

取经过预处理的土壤样品进行分析,土壤 pH 采用酸度计法(水土质量比为 2.5∶1.0);有机碳含量采用重铬酸钾外加热法;水解性氮含量采用碱解扩散法;有效磷含量采用盐酸氟化铵浸提-分光光度法;速效钾含量采用乙酸铵浸提-火焰光度法测定。

2.山核桃林地长期经营对土壤肥力的影响

1) 试验设计

2011 年 8~9 月,以临安区山核桃主产区 10 个乡镇典型山核桃林为对象,进行土壤样品采集。不同采样点设于海拔 200~1000m、坡度 25°左右的山核桃纯林中。在选定的典型样地上,按"S"形布点,分别采集 5 个点的表层(0~30cm)土样,将其混合,然后采用四分法分取样品 1kg 左右,带回实验室。此次调查共带回样品 296 个。

2) 研究方法

土壤风干去杂、过筛备用。对每个典型样地土壤的理化性质进行单独分析,分析方法为:pH 采用 pH 计测定;有机质采用重铬酸钾外加热法测定;碱解氮采用碱解扩散法测定;速效磷采用盐酸氟化铵浸提-分光光度法测定;速效钾采用乙酸铵浸提-火焰光度法测定;机械组成采用比重计法。

(二) 不同经营年限山核桃林土壤有机碳特征

1) 试验设计

2012 年 4 月,根据临安区森林资源经营档案,在昌化镇石坎村的 3 个小流域,分别选择经营年限为 5 年、10 年、15 年、20 年的山核桃纯林各 1 块，同时在样地周围选择天然山核桃-阔叶混交林作为对照(0 年)，每一个小流域作为一个区组，同一区组中不同经营历史样地的坡向、坡度和土壤类型相同，面积 1hm²。样地林分和土壤基本特征见表 2-1 和表 2-2。

表 2-1　不同经营年限林分基本特征

经营年限/年	密度/(株·hm⁻²)	平均胸径/cm	平均株高/m	郁闭度	林层结构	乔木树种
0	1350	10.0	8.0	0.8	乔木+灌木+草本	枫香、木荷、青冈、苦槠、山核桃
5	450	6.0	5.0	0.3	乔木+草本	山核桃
10	450	8.0	6.0	0.5	乔木+草本	山核桃
15	450	10.0	7.0	0.7	乔木+草本	山核桃
20	435	12.0	8.0	0.8	乔木+草本	山核桃

表 2-2　不同经营年限山核桃林土壤基本理化性质

土层	经营年限/年	pH	碱解氮/(mg·kg⁻¹)	有效磷/(mg·kg⁻¹)	速效钾/(mg·kg⁻¹)	容重/(g·cm⁻³)
0～10cm	0	5.6	150.55	3.50	124.17	1.03
	5	5.7	179.56	3.71	120.83	1.05
	10	5.8	175.73	4.68	125.00	1.07
	15	5.8	161.76	4.92	131.67	1.10
	20	5.6	145.06	6.65	119.17	1.15
10～30cm	0	5.5	123.729	2.453	53.750	1.12
	5	5.9	113.031	2.655	80.833	1.13
	10	5.7	109.074	3.594	80.833	1.20
	15	5.9	94.093	2.478	82.500	1.22
	20	5.7	106.848	2.429	83.333	1.23

在各样地中，按"S"形布点，分别采集 5 个 0～10cm、10～30cm 土样，将其分别混合，然后采用四分法分取样品 1kg 左右。采集后带回实验室，去除石块和植物根系等杂物，过 2mm 筛后混匀，将样品分成两部分，一部分直接用于测定土壤溶解性有机碳和微生物功能多样性，另一部分置于室内自然风干后用于土壤有机碳的测定。

2) 研究方法

(1) 山核桃林土壤总有机碳的变化。土壤总有机碳测定采用重铬酸钾外加热法；土壤的氢氟酸(HF)经预处理后，将处理过的土壤样品进行固态魔角旋转-核磁共振测定(AVANCE Ⅱ 300MH)。

(2) 山核桃林土壤有机碳的化学分组。土壤总可提取腐殖质浸提的方法参考鲁如坤(1999)，取土壤浸提液处理后测定土壤腐殖质组分的腐殖质碳、氮和富里酸碳、氮的质量分数。腐殖质和富里酸碳、氮质量分数在岛津 TOC 有机碳分析仪上测定，胡敏酸、胡敏素碳、氮质量分数采用差减法求得。土壤键合有机碳组分中，钙键结合的有机碳(简称 Ca-SOC)浸提的方法参考鲁如坤(1999)，铁铝键结合的有机碳[简称 Fe(Al)-SOC]的浸提则是在 2g 过 0.25mm 筛的土壤样品中加入 20mL 0.1mol·L^{-1}NaOH 和 Na$_4$P$_2$O$_7$ 混合溶液，放置过夜，次日以 3000r·min^{-1} 离心 10min，收集上清液，反复数次至溶液近无色后，将所有液体集中于 250mL 塑料瓶中，离心除去黏粒，定容到 250mL 容量瓶中。在岛津 TOC 有机碳分析仪上测定钙键/铁铝键有机碳、氮质量分数。惰性有机碳(resistant organic carbon，ROC)的测定参考鲁如坤(1999)，采用酸水解法。

(3) 山核桃林土壤有机碳的物理分组。土壤轻组有机碳的测定采用相对密度分组法，并计算轻组质量分数(轻组质量占土壤质量的比例)、轻组有机碳质量分数(轻组有机碳质量占土壤质量的比例)、轻组有机碳占土壤总有机碳的比例。重组有机碳的测定是在轻组有机碳提取分离后，在试管中的剩余物中加 100mL 蒸馏水，振荡 20min，在 4000r·min^{-1} 条件下离心 20min，弃去上清液，重复洗涤 3次，60℃下烘至恒重后称重，该组分即为重组(HFOC)。研细后过 60 目筛，采用重铬酸钾外加热法测定有机碳质量分数。土壤颗粒有机碳的测定是取 20.00g 干土，过 2mm 孔径土壤筛，然后把土样放在 100mL(NaPO$_3$)$_6$(5g·L^{-1})的水溶液中，先手摇 15min，再用振荡器(90r·min^{-1})振荡 18h。把土壤悬液过 53μm 筛，反复用蒸馏水冲洗，把所有留在筛子上的物质(植物根系等不要)，在 60℃下过夜烘干称量(>12h)，计算这些部分占整个土壤样品质量的比例。通过分析烘干样品中有机碳质量分数，计算颗粒有机质中的有机碳质量分数，再换算为单位质量土壤样品的对应组分有机碳质量分数。

(4) 山核桃林土壤水溶性有机碳氮的季节动态。于 2012 年 1 月、4 月、7 月、10 月中旬按照本节前文"一、山核桃林土壤性质研究"中"(二)不同经营年限山核桃林土壤有机碳特征"的试验方法采集土壤样品，样品处理方法也相同。土壤水溶性有机碳氮的测定需准确称 5g 过 2mm 筛的土壤新鲜样品于 50mL 离心管中，按土水比 1∶10 比例与水混合(50mL 去离子水)，在往复振荡机上振荡 30min(振速 250r·min^{-1})，之后在离心机上 5000r·min^{-1} 离心 10min，上清液倒入装有 0.45μm 滤膜的过滤器中用循环水真空泵减压过滤，浸提液通过 0.45μm 滤膜抽滤后，利用岛津 TOC 有机碳分析仪立即测定水溶性有机碳和水溶性总氮。同时另取 1 份抽滤液用离子色谱法测定 NH$_4^+$ 和 NO$_3^-$ 质量分数，然后用土壤水溶性总氮减去 NH$_4^+$

和 NO_3^- 的质量分数即为土壤水溶性有机氮质量分数(WSON)。

(5) 山核桃林土壤微生物量碳氮的年动态。于 2012 年 1 月、4 月、7 月、10 月中旬按照本节前文"一、山核桃林土壤性质研究"中"(二)不同经营年限山核桃林土壤有机碳特征"的试验方法采集土壤样品,样品处理方法也相同。土壤微生物量碳氮的测定采用氯仿熏蒸浸提法,浸提后立即用 TOC 测定仪测定浸提液中有机碳氮的浓度。

土壤微生物量碳用以下公式计算获得

$$C_{mic} = E_c/0.38$$

式中, C_{mic} 为微生物碳(mg · kg^{-1}); E_c 为熏蒸土样与未熏蒸土样提取液有机碳含量之差(mg · kg^{-1}); 0.38 为浸提系数。

土壤微生物量氮用以下公式计算获得

$$N_{mic} = E_n/0.38$$

式中, N_{mic} 为微生物氮(mg · kg^{-1}); E_n 为熏蒸土样与未熏蒸土样提取液有机氮含量之差(mg · kg^{-1}); 0.38 为浸提系数。

(三) 混交林转变为山核桃林后土壤肥力的变化

1. 土壤理化性质的变化

1) 试验设计

2008 年 7 月在土壤条件较一致的混交林和更新后的山核桃林中选择样地,在样地中按"S"形采集 5 个点的土壤样品,组成混合样品。

2) 研究方法

土壤 pH 用酸度计法(土水比为 1 : 5); 有机质用重铬酸钾外加热法; 水解氮采用碱解扩散法; 有效磷用盐酸氟化铵浸提-分光光度法; 速效钾用乙酸铵浸提-火焰光度法。土壤颗粒组成采用甲种比重计法。

2. 土壤微生物功能多样性的变化

1) 试验设计

试验设计与本节前文"一、山核桃林土壤性质研究"中"(二)不同经营年限山核桃林土壤有机碳特征"的试验设计相同。

2) 研究方法

土壤的微生物代谢活性和功能多样性采用 Biolog Eco 检测法。Biolog Eco 微平板内有 96 个小孔、1 个空白对照(水)和 31 种碳源为一个重复,板自身有 3 个重复。土壤微生物代谢活性采用平均颜色变化率(average well color development, AWCD)来表示。对 Biolog Eco 板培养 120h 的数据进行统计分析,采用 Shannon 多样性指数(H)和均匀度指数(E)来表征土壤微生物群落代谢功能多样性。计算公式如下:

$$AWCD = \sum (C_i - R)/31$$

$$H = -\sum P_i \ln P_i$$

$$E = H / \ln S$$

式中，C_i 为除对照孔外各孔在 590nm 下的吸光值；R 为对照孔的吸光值；C_i–R 小于 0 的孔，计算中记为 0；P_i 为第 i 孔的相对吸光值与整板相对吸光值总和的比率；S 为 Eco 板颜色变化的孔的数目。

(四) 生草栽培对山核桃林土壤质量的影响

1. 生草栽培对土壤理化性质的影响

1) 试验设计

2010 年 9 月在湍口镇迎风村山核桃生态示范园区布置生草栽培试验。在山核桃采收后，将不同生草(除杂草)播种于山核桃林中，均为撒播，播种量为35kg·hm^{-2}，自然杂草区为林内自然生长的杂草，试验小区面积为 10m×5m，每个处理 3 个重复，以传统清耕作业(4 月初喷施除草剂草甘膦，每亩喷施 10%草甘膦 700g)为对照。生草处理在 6~7 月进行刈割，覆盖于果树树盘周围。各小区水肥等其他管理措施基本保持一致，3 月、8 月施肥两次(环状沟施)，主要肥料为羊粪，10~15kg/株，主要病害为花蕾蛆，林内安装杀虫灯和鸟窝。试验设置详见表 2-3。

表 2-3 试验地概况

项目	试验小区号	生草类型	生草种类	生草方式
生草区	1	禾本科	黑麦草	全园生草
	2	十字花科	油菜	全园生草
	3	豆科	紫云英	全园生草
对照区	4	豆科	白三叶	全园生草
	5	—	自然杂草	全园生草
	6		清耕	

2011 年 1 月、4 月、7 月、10 月的 20 号左右在各试验小区取样，分别代表冬季、春季、夏季和秋季的土壤性质。采样点距离施肥地 2~3m，采用五点采样法在各处理分层采集 0~20cm、20~40cm 土层土样，带回实验室过 2mm 筛。一部分湿土放在 4℃冰箱测定土壤含水量；一部分放在阴凉通风处摊晾，风干后过筛备用。土壤 pH、速效养分测定用过 2mm 筛的土样，土壤有机质及全量元素测定用过 100 目筛的土样，交换性盐基测定用过 60 目筛的土样。

2) 研究方法

(1) 生草栽培对山核桃林物理性质的影响。使用沙维诺夫曲管计测定土壤

5cm、10cm、15cm、20cm 温度，选定 1 月、4 月、7 月、10 月的晴朗天气，从 6：00～18：00 每 2h 记录 1 次数据；使用 TES-1360I 温湿度计观测地表气温和相对湿度。使用分析天平准确称取各土壤样品 10.0g 于铝盒内，在烘箱内经 105～108℃烘干至恒重，取出置于干燥器中，待冷却后称重。

（2）生草栽培对山核桃林化学性质的影响。土壤 pH 采用酸度计法(水土比为 5：1)；有机质用重铬酸钾外加热法；全氮用凯氏定氮法；水解氮用碱解扩散法；有效磷用盐酸-氟化铵浸提-钼锑钪比色法；速效钾用乙酸铵浸提-火焰光度法；交换性 K^+、Ca^{2+}、Mg^{2+} 用乙酸铵浸提-火焰光度法；有效性锰、铁、锌含量采用盐酸浸提-原子分光光度法；全磷、钾、钙、钠、镁、锰、铁、锌含量测定采用硝酸-高氯酸消煮法。

2. 生草栽培对土壤有机碳的影响

1）试验设计

试验林分位于下坡，坡度 20°，东北坡，树龄 30～40 年，密度为 300 株·hm^{-2}，郁闭度为 0.7 的山核桃纯林。该林分已连续强度经营 10 年，即每年 5 月上旬、9 月上旬各施复合肥(N：P_2O_5：K_2O=15：15：15)750kg·hm^{-2}，由于长期施用除草剂，林下灌木、草本层已缺失。

2008 年 9 月，在山核桃试验林中采用单因素随机区组设计，共设紫云英 (*Astragalus sinicus*)、油菜(*Brassica campestris*)、黑麦草(*Lolium perenne*)和清耕 (no-tillage)4 个处理，3 次重复，共 12 个小区，小区面积 10m×10m。生草的播种量均为 30kg·hm^{-2}，分别撒播于不同处理的试验小区中，于 5 月结籽前刈割 80% 生草并全覆盖于林中，剩余的生草继续完成生命周期，以供结实，产生的种子可供第二年自然繁育，不需重复播种，不使用除草剂。而清耕则采用常规的除草方式，4 月、6 月、8 月底喷施 20%草甘膦除草剂 300kg·hm^{-2}。生草 4 年后的土壤理化性质见表 2-4。

表 2-4 不同生草土壤基本理化性质

处理	pH	碱解氮 /(mg·kg^{-1})	有效磷 /(mg·kg^{-1})	速效钾 /(mg·kg^{-1})	砂粒 /%	粉粒 /%	黏粒 /%	容重 /(g·cm^{-3})
清耕	5.76	158.51	8.81	36.67	30.55	48.77	20.68	1.25
油菜	6.21	184.24	13.01	36.67	26.20	52.50	21.30	1.15
黑麦草	5.80	188.65	13.70	37.5	26.08	53.60	20.32	1.18
紫云英	5.95	212.45	14.79	59.17	27.51	51.70	20.79	1.16

2013 年 4 月中旬，在不同处理小区中，按"S"形布点，分别采集 5 个点的表层(0～20cm)土样，将其混合，然后采用四分法分取样品 1kg 左右带回实验室，

去除石块和植物根系等杂物，过 2mm 筛后混匀。

2) 研究方法

(1) 生草栽培对土壤总有机碳的影响。研究方法与本节前文"一、山核桃林土壤性质研究"的"(二)不同经营年限山核桃林土壤有机碳特征"研究方法中"(1)山核桃林土壤总有机碳的变化"相同。

(2) 生草栽培对土壤水溶性有机碳氮的影响。研究方法与本节前文"一、山核桃林土壤性质研究"的"(二)不同经营年限山核桃林土壤有机碳特征"研究方法中"(4)山核桃林土壤水溶性有机碳氮的季节动态"相同。

(3) 生草栽培对土壤微生物量碳氮的影响。研究方法与本节前文"一、山核桃林土壤性质研究"的"(二)不同经营年限山核桃林土壤有机碳特征"研究方法中"(5)山核桃林土壤微生物量碳氮的年动态"相同。

3. 生草栽培对土壤微生物的影响

1) 试验设计

2010 年 9 月在湍口镇迎丰村山核桃示范园区布置生草栽培试验。于山核桃采收后将每种生草(除自然杂草外)播种于山核桃林中，播种方式为撒播，播量平均为 30kg·hm^{-2}。采用单因素随机区组设计，每种处理设 3 次重复，以传统清耕作业(4 月、8 月上旬喷施 20%百草枯水剂 375kg·hm^{-2}进行除草)为对照。共计 6 个处理。生草方式为全园生草，连续 2 年播种，在每年 7 月进入高温干旱期前及时将生草进行刈割并覆盖于山核桃树盘周围，各小区水肥管理保持一致，4 月和 8 月施肥两次。肥料为农家有机肥，平均每株山核桃施肥 10～15kg。试验设置详见表 2-5。

表 2-5　试验地概况

	试验小区号	生草类型	生草种类	生草方式
	1	禾本科	黑麦草	全园生草
生草区	2	十字花科	油菜	全园生草
	3	豆科	紫云英	全园生草
	4	主要为禾本科	自然杂草	全园生草
对照区	5	豆科	白三叶	全园生草
	6		清耕	

分别于 2012 年 1 月、4 月、7 月和 10 月的 10 号左右在各试验小区采集代表冬、春、夏、秋四个季节的土壤。按五点取样法分别采取各试验小区 0～20cm 的土样。

2) 研究方法

(1) 生草栽培对山核桃林土壤微生物功能多样性的影响。土壤的微生物代谢活性和功能多样性研究方法与本节前文"一、山核桃林土壤性质研究"中"(三)混交林转变为山核桃林后土壤肥力的变化"的"2.土壤微生物功能多样性的变化"的检测方法相同。每块 Eco 板上均有 31 种碳源，可分为 6 大类，分别为糖类(8种)、羧酸类(9 种)、氨基酸类(6 种)、胺类(2 种)、聚合物类(4 种)和其他混合物(2种)。碳源分布见表 2-6。

表 2-6　Biolog Eco 微孔板上 31 种碳源的分布

A1	A2	A3	A4
水	β-甲基-D-葡萄糖苷	D-半乳糖酸-γ-内酯	L-精氨酸
B1	B2	B3	B4
丙酮酸甲酯	D-木糖/戊醛糖	D-半乳糖醛酸	L-天冬氨酸
C1	C2	C3	C4
吐温 40	i-赤藓糖醇	2-羟基苯甲酸	L-苯丙氨酸
D1	D2	D3	D4
吐温 80	D-甘露醇	4-羟基苯甲酸	L-丝氨酸
E1	E2	E3	E4
α-环式糊精	N-乙酰-D-葡萄糖胺	γ-羟基丁酸	L-苏氨酸
F1	F2	F3	F4
肝糖	D-葡萄胺酸	衣康酸	甘氨酰-L-谷氨酸
G1	G3	G3	G4
D-纤维二糖	葡萄糖-1-磷酸盐	α-丁酮酸	苯乙基胺
H1	H2	H3	H4
α-D-乳糖	D, L-α-甘油	D-苹果酸	腐胺

土壤微生物代谢活性表示方法、计算公式均与本节前文"一、山核桃林土壤性质研究"中"(三)混交林转变为山核桃林后土壤肥力的变化"的"2.土壤微生物功能多样性的变化"的检测方法相同。

(2) 生草栽培对山核桃林土壤细菌群落结构多样性的影响。使用 MO-BIO 公司试剂盒(Powersoil DNA Kit)提取土壤总样品细菌 DNA，并用 1%琼脂糖电泳对总 DNA 进行检测，测定其 OD 值。采用一对通用引物 338F-GC 和 518R 扩增细菌 16S rDNA 基因 V3 区的一段长约 260bp 的片段进行土壤细菌总 DNA 的 PCR 扩增。

通用引物：

338 F-GC:5'-CGC CCG CCG CGC GCG GCG GGC GGG GCG GGG GCA CGG GGG GCC TAC GGG AGG CAG CAG-3';

518 R:5'-ATT ACC GCG GCT GCT GG-3'。

使用 Bio-Rad 公司的 PTC-200 对土壤总 DNA 进行扩增。

50μL PCR 反应体系如下：10×PCR Buffer(缓冲液)5.0μL，MgCl$_2$ (25mmol·L^{-1})3.0μL，dNTP(2.5mmol·L^{-1})1.0μL，引物(10μmol·L^{-1})各 0.5μL，*Taq* DNA 聚合酶(5U·μL^{-1})0.2μL，模板 DNA 1.0μL，用无菌双蒸水补足至 50μL。

PCR 反应体系：94℃预变性 5min；94℃变性 1min，65℃复性 1min(20 个循环，每个循环降 0.5℃，至复性温度为 55℃)，72℃延伸 1min，再进行 10 个循环；94℃ 1min，55℃ 1min，72℃ 3min，最后 72℃延伸 10min。

扩增产物取 3μL 用 1.0%的琼脂糖凝胶进行电泳，150V 电压，25min，电泳结束后在凝胶成像系统中观察拍照，检测产物及其长度。凝胶浓度与相对应的最佳分离片段长度见表 2-7。本试验 PCR 扩增的条带大小为 260bp 左右，据此确定采用 8%聚丙烯酰胺凝胶浓度。

表 2-7　凝胶浓度与相对应的最佳分离片段长度

凝胶浓度/%	片段长度/bp
6	300～1000
8	200～400
10	100～200

使用 Bio-Rad 公司的基因突变检测仪分离 PCR 产物。本试验中全部使用 8%聚丙烯酰胺凝胶浓度进行变性梯度凝胶电泳，电泳缓冲液为 1×TAE Buffer，变性剂梯度为 45%～60%。在 60℃、80V 条件下电泳 13h，使用 5μL GelRed，加水 150mL，避光染色 0.5h，染色结果于 Gel Doc^{TM} EQ (Bio-Rad)凝胶成像系统成像，使用 Quantity One 4.4 软件(Bio-Rad)进行图像分析。

4. 生草栽培对土壤酶活性的影响

1) 试验设计

试验设计与本节前文"一、山核桃林土壤性质研究"中"(四)生草栽培对山核桃林土壤质量的影响"的"1.生草栽培对土壤理化性质的影响"的试验设计相同。

2) 研究方法

土壤蔗糖酶活性测定采用 3,5-二硝基水杨酸比色法；土壤过氧化氢酶活性测定采用高锰酸钾滴定法；土壤脲酶活性测定采用苯酚-次氯酸钠比色法。

二、施肥与植物篱对土壤养分流失的影响

1. 施肥对土壤养分径流的影响

1) 试验设计

试验采用随机区组设计，重复 3 次，在坡度 36°、坡向东南、长势基本一致的山核桃林(树龄 30 年，密度 600 株·hm^{-2})分别设立区组。单个径流小区面积为

90m²(横坡 6m×顺坡 15m)，在每个径流区的上坡边与两长边用水泥预制板砌成挡水墙(高出地表 10~15cm)，下坡边筑集水沟，集水沟的内径尺寸：深 20cm，顶宽 30cm，底宽 20cm。集水沟连接蓄水沉沙池，蓄水沉沙池长×宽×高为 100cm×100cm×100cm，同时在试验地周边布置雨量筒，测定降水量。

试验于 2010 年 4 月开始实施，不同小区采用不同的肥料及施肥方法：T1 为CK(不施肥)，T2 为复合肥(N：P_2O_5：K_2O=15：15：15)638kg·hm⁻²，T3、T4 为山核桃专用复合肥(N：P_2O_5：K_2O=15：11：12，含 20%有机质)638kg·hm⁻²。T2、T3 采取全区均匀撒施。T4 每隔 2m 左右开挖宽 10cm、深 5cm 水平沟施。于 4 月27 日和 8 月 30 日分别施用肥料总量的 50%。同年 5~12 月，每次降雨后收集集水池中水、泥沙混合样，量测体积并及时带回实验室，经定量滤纸初步过滤后测定水化指标。

2) 研究方法

将初步过滤的水样分成 2 份：一份用 0.45μm 滤膜抽滤，用于测定可溶性氮(DN)、可溶性磷(DP)、硝态氮(NO_3^--N)以及铵态氮(NH_4^+-N)；另一份水样不抽滤，用于测定总氮(TN)、总磷(TP)。碱性过硫酸钾消解-紫外分光光度法测定 DN 和 TN；过硫酸钾消解-钼锑抗比色法测定 DP 和 TP；NO_3^--N、NH_4^+-N 在 ICS-1500 离子色谱分析仪上测定。

2. 施肥对土壤养分渗漏的影响

1) 试验设计

选择山核桃林(郁闭度为 0.8，树龄 30 年，密度 600 株·hm⁻²)为试验林分，在土壤条件和山核桃林经营管理一致的同一坡面上设置 8 个标准地，坡度 36°，坡向西南。标准地的施肥采用常规施肥，年施 640kg·hm⁻² 的复合肥(N：P_2O_5：K_2O=15：15：15)，于 6 月初和 8 月底分别施用肥料总量的 50%。2010 年 6 月 2 日在标准地中间挖掘土壤剖面设置渗滤水采集器，采集器的截水板均按离地表 30cm的深度埋设，水样通过连接在渗滤水采集器后壁排水孔上的塑料管，流入预先埋在剖面坑底部的塑料桶中。同时在试验地周边布置雨量筒，测定降水量。于同年6 月上旬开始至 11 月结束，每次降水后收集塑料桶中水、泥沙混合样，量测体积并及时带回实验室，经定量滤纸初步过滤后测定水化指标。

2) 研究方法

将初步过滤的水样分成 2 份：一份用 0.45μm 滤膜抽滤，用于测定可溶性氮、可溶性磷、硝态氮、铵态氮、亚硝态氮(NO_2^--N)、Na^+、Mg^{2+}、Ca^{2+}、K^+、F^-、Cl^-、PO_4^{3-}、SO_4^{2-} 含量；另一份样品不抽滤，用于测定总氮、总磷。碱性过硫酸钾消解-紫外分光光度法测定水溶性氮和总氮；过硫酸钾消解-钼锑抗比色法测定水溶性磷和总磷；NO_3^--N、NH_4^+-N、NO_2^--N、Na^+、Mg^{2+}、Ca^{2+}、K^+、F^-、Cl^-、

PO_4^{3-}、SO_4^{2-} 在 ICS-1500 离子色谱分析仪上测定。

3. 植物篱对土壤渗漏流失的影响

1) 试验设计

试验采用随机区组设计,重复 3 次,选择土壤类型、坡度、坡向和山核桃长势基本一致的林地分别设置植物篱,各植物篱长 20m、宽 6m。施肥方法与本节前文"二、施肥与植物篱对土壤养分流失的影响"中"2.施肥对土壤养分渗漏的影响"的操作相同。在山核桃林植物篱交界处和植物篱下侧分别挖掘土壤剖面并设置渗漏水采集器。采集器按离地表 30cm 的深度埋设,水样通过连接在渗漏水采集器排水孔上的塑料管,流入预先埋在剖面坑底部的塑料桶中。同时在试验地周边布置雨量筒,测定降水量。

试验植物篱处理设计:雷竹,常绿浅根性植物,生长快、繁殖力强,属本地经济林作物,生物量大;红叶石楠,蔷薇科植物,有很强的适应性,耐低温,耐土壤瘠薄,有一定的耐盐碱性和耐干旱能力;黑麦草,草本植物,耐践踏,抗高温,抗干旱,繁殖速度快,恢复力强;同时设置裸地对照处理。试验于 6 月开始实施,T1、T2、T3、T4 分别对应雷竹、红叶石楠、黑麦草、空白对照。6~12月,于每次降雨后将采集的水样装入 500mL 塑料瓶中,记录总渗流量和降水量并及时带回实验室,经定量滤纸初步过滤后测定水化指标。

2) 研究方法

研究方法与本节前文"二、施肥与植物篱对土壤养分流失的影响"中"1.施肥对土壤养分径流的影响"的研究方法相同。

三、山核桃干腐病及生长研究

(一) 土壤微生物多样性与山核桃干腐病

1) 试验设计

选择坡向、坡度、坡位、海拔等自然条件基本一致的山核桃林,平均树龄为30 年,林分密度为 380 株·hm^{-2},主要分布在坡向西南、坡度 25°、海拔 340m 的山腰。设置生态经营和过度经营模式样地各 3 个,每个样地面积为 0.2hm^2,水平间距 500m。两种经营模式均参考当地实际生产经营模式,样地具体信息详见表 2-8。

表 2-8 山核桃林生态经营与过度经营模式

经营模式	除草	施肥	农药	草本层覆盖度/%	果实采收
生态经营	人工除草	专用配方肥 1kg·株$^{-1}$,N:P_2O_5:K_2O=15:11:12	不使用农药	80	张网采收
过度经营	每 667m^2 喷施10%草甘膦水剂1.5kg	施用复合肥 5kg·株$^{-1}$,N:P_2O_5:K_2O=15:15:15	每 667m^2 喷施43%戊唑醇 45g	0	上树敲打

　　山核桃干腐病发病期(2016 年 7 月)，在生态经营和过度经营各 3 块样地中，每块样地随机选 5 株山核桃树，在距离每株树主干 50cm 处的东、西、南、北 4 个方向各设置 1 个采样点，采集 0～20cm 土壤剖面土样。将这些土样充分混合均匀，即得到这个样地的土样。共采集混合得到生态经营和过度经营模式各 3 个土样。除去土壤中的杂物，过 2mm 筛。

　　2) 研究方法

　　(1) 不同经营模式山核桃林感病指数与土壤养分差异。在每个样地里随机选取 30 株山核桃树，统计每株树的干腐病病斑数量，干腐病分级标准见表 2-9，根据山核桃干腐病分级标准与下文感病指数计算公式，计算每个样地的感病指数。

表 2-9　山核桃干腐病分级表

病级	代表数值	分类标准
I	0	无病斑
II	1	1～5 个病斑
III	2	6～10 个病斑
IV	3	11～15 个病斑
V	4	16 个以上
VI	5	死亡

　　计算公式为

$$感病指数 = \frac{\sum(各病级株数 \times 该级代表数值)}{调查样地总株数 \times 最高一级代表数值} \times 100\%$$

　　土壤 pH 测定采用酸度计法(水土比为 2.5∶1)；土壤有机碳测定采用重铬酸外加热法；速效氮测定采用碱解扩散法；速效磷测定采用盐酸氟化铵浸提-分光光度法；速效钾测定采用乙酸铵浸提-火焰光度法。

　　(2) 不同经营模式山核桃林土壤细菌多样性、真菌多样性差异。土壤基因组 DNA 采用 CTAB 法提取，1%琼脂糖凝胶电泳检测 DNA 浓度与纯度。根据 DNA 的浓度，用无菌水将其稀释成 $1ng \cdot \mu L^{-1}$。实验室提取获得的土壤微生物 DNA 样品，尽快送到浙江天科高新技术发展有限公司进行测序。

　　使用带 Barcode 的特异引物，以高效、高保真酶对特定区域进行扩增。对细菌 16S rRNA 基因的 V3、V4 区域进行扩增，引物序列为

　　341F(5′-CCTAYGGGRBGCASCAG-3′)；

　　806R(5′-GGACTACNNGGGTATCTAAT-3′)。

　　对真菌 ITS1 区进行扩增，引物序列为

ITS1F(5′-CTTGGTCATTTAGAGGAAGTAA-3′)；

ITS2(5′-GCTGCGTTCTTCATCGATGC-3′)。

PCR 反应体系 30μL：DNA 模板 10μL，Phusion Master Mix(2×) 15μL，上下引物各 1.5μL，ddH₂O 2μL。

反应条件为：98℃预变性 1min；98℃变性 10s，50℃复性 30s，72℃延伸 30s(30个循环)；最后 72℃延伸 5min。PCR 扩增产物经 2%琼脂糖凝胶电泳鉴定，选取长度在 400~450bp 之间的清晰条带，用 Thermo Scientific 公司的 GeneJET 胶回收试剂盒进行回收。下一步通过 Illumina 测序仪进行测序。

测序所得数据截去 Barcode 和引物序列后，利用 FLASH 等对每个样本进行拼接、过滤、去嵌合体处理，最后得到有效的数据。通过 Uparse 等对所有样品的有效 tags 进行聚类分析，以 97%序列一致性将序列聚类成 OTU，再利用 Silva.nr_v123 数据库在各个分类水平对代表序列进行物种注释分析。以样品中最低数据量作为均一化处理的标准，使用 R(Version 3.2.2;https://cran.r-project.org/)等软件进行 α-多样性分析和 β-多样性分析。

(二) 土壤管理及采收方式对山核桃生长的影响

1. 土壤管理对山核桃生长的影响

1) 试验设计

根据山核桃林管理中的除草方式和施肥情况,将林地管理分为 4 种除草方式、3 个不同施肥量，并进行交互作用，共 12 种经营措施(表 2-10)，实际生产中仅有 9 种林地管理模式：A1×B1(不除草+不施肥)，A1×B3(不除草+大量施肥)，A2×B1(人工除草+不施肥)，A2×B2(人工除草+少量施肥)，A2×B3(人工除草+大量施肥)，A3×B1(人工除草+除草剂+不施肥)，A3×B2(人工除草+除草剂+少量施肥)，A4×B2(除草剂+少量施肥)，A4×B3(除草剂+大量施肥)。在实地调查及走访的基础上，在母岩、坡向、坡度、林龄、密度等基本一致的条件下，设置不同林地管理模式的样地 9 个，并重复 3 次，共 27 个样地。

表 2-10　不同土壤管理模式分类

除草措施	除草方式	施肥措施	施肥量/(kg·株⁻¹)
A1	不除草	B1	0
A2	人工除草	B2	0.2~1.0
A3	人工除草+除草剂	B3	>1.2
A4	除草剂	—	—

于 2014 年 4 月、7 月、10 月在不同样地中选择 5 株生长中等的山核桃，采集植株中部东、西、南、北向的叶片各 10 张，混合组成一个样品，重约 0.5kg。同年 9 月，随机抽集每块样地中的果实 50 个，带回实验室测定指标。植物样品采集以后及时封装保存，带回实验室进行相关处理。植物叶片样品分别用自来水、OR水以及去离子水各清洗一遍，洗去叶片上的杂质，然后放入 105℃ 烘箱杀青 30min，接着调至 65℃ 烘到恒重，取出后粉碎，过 0.147mm(100 目)筛子，装密封袋保存，待实验取用。

2) 研究方法

(1) 不同处理山核桃叶片营养元素含量变化。称 0.2g 经过预处理的植物样品放入消煮管，加少量蒸馏水润湿样品，加 5mL 浓硫酸后摇匀过夜，第二天放入消煮炉，逐渐升温，期间每隔 30min 滴加过氧化氢，每次递减，直至植物样品澄清为止。冷却后定容到 50mL 容量瓶，作为待测液。植物氮含量的测定采用凯氏定氮法；植物磷含量的测定采用钼锑抗比色法；植物钾、钙、镁、铁、锰、铜、锌含量的测定采用原子吸收分光光度法。

(2) 林地管理对山核桃果实品质的影响。果实重、籽重、仁重用电子天平进行称重(精确到小数点后四位)；果长、果径、果皮厚度用游标卡尺测量(精确到小数点后两位)；粗蛋白测定采用凯氏定氮法，粗脂肪的测定用索氏提取法；出籽率的计算公式如下：

$$出籽率=籽重/果重$$

2. 张网采收对山核桃果实品质的影响

1) 试验设计

样品采集根据实地调查和 GPS 定位，选取了张网采收 3 年、5 年和 6 年以及对照组(敲打采收)中长势良好的山核桃各 10 株。分别从每个植株的阴面上、阴面下、阳面上和阳面下 4 方位采集成熟果实，从每个方位采集的成熟果实中随机选择 5 枚，共 20 枚，测量其表型性状。

2) 研究方法

采用电子天平(精度 0.01g)测定山核桃鲜果质量和果核质量。鲜果横径和纵径、外果皮厚度、果核横径和纵径、核壳厚度用游标卡尺(精度 0.01mm)测得。出仁率和果形指数计算公式如下：

$$出仁率=果肉质量/果核质量×100\%$$

$$果形指数=鲜果纵径/鲜果横径×100\%$$

四、山核桃林土壤温室气体排放研究

(一) 施肥对山核桃林土壤温室气体通量的影响

1) 试验设计

2011 年 5 月，选择坡度和坡向基本一致的山核桃林作为试验用林。试验采取随机区组设计，设 4 个处理：对照处理(CK，不施肥)、单施无机肥处理(IF)、单施有机肥处理(OF)、有机无机肥配施处理(OIF，1/2 有机肥和 1/2 无机肥)，每个处理设 4 次重复，采取随机区组设计，每个小区面积为 400m²。试验各处理肥料用量如表 2-11 所示，试验中所有有机肥为商品有机肥(N 3%，P_2O_5 1.8%，K_2O 2.6%，C 35.1%)，无机肥分别为尿素(N 46.5%)、过磷酸钙(P_2O_5 12%)、氯化钾(K_2O 60%)。肥料用量根据当地山核桃常规用量，不同施肥处理的肥料用量均以等氮量计算；有机肥处理中，磷钾肥不足部分用过磷酸钙和氯化钾进行补充(表 2-11)。5 月底进行均匀撒施施肥，并翻耕入土，安置静态箱(每个小区 1 个)。研究区为低山丘陵地形，海拔低，土壤类型为板岩母质发育的红壤。试验用地山核桃林为常绿阔叶林改造而来，土壤基本理化性质如下：pH4.69，容重 1.20g · cm⁻³，有效磷 2.97mg · kg⁻¹，速效钾 88.7mg · kg⁻¹，碱解氮 126.46mg · kg⁻¹，总氮 1.06g · kg⁻¹，有机质 17.19g · kg⁻¹。

表 2-11　试验各处理肥料用量

处理	有机肥 /(kg · hm⁻²)	尿素 /(kg · hm⁻²)	过磷酸钙 /(kg · hm⁻²)	氯化钾 /(kg · hm⁻²)
对照(CK)	0	0	0	0
单施无机肥(IF)	0	72	206	46
单施有机肥(OF)	1120	0	38	0
有机无机肥配施(OIF)	560	36	122	23

2) 研究方法

温室气体通量采用静态箱-气相色谱法测定。采样箱为组合式，即由底座、顶箱组成，制作材料均为 PVC 板，底座规格尺寸为 30cm×30cm×30cm。试验采样在 2011 年 7 月到 2012 年 6 月期间进行。气体样品采集频率基本为每月一次，采集时间为上午 9：00~11：00。采样前一天，利用充气法检查气袋密封性，选择气密性好的气袋采集气体。采集气体时，将顶箱插入底座凹槽(凹槽内径和深度均为 5cm)中，用适量的蒸馏水(2~3cm 左右)密封，然后用注射器分别于关箱后 0min、10min、20min、30min 采集抽样 60mL 置于大连光明化工设计研究院生产的铝箔采气袋，密封带回实验室。在采集气体的同时，记录大气温度，并在每个试验小区进行五点取样，采集 0～20cm 土壤样品，充分混匀后带回实验室。

温室气体排放通量计算方法如下所示：

$$F = \rho \frac{V}{A} \frac{P}{P_0} \frac{T_0}{T} \frac{dC_t}{d_t}$$

式中，F 为被测气体排放通量；V 为箱体体积；A 为箱底面积；dC_t/d_t 为单位时间取样箱内温室气体浓度的变化量；ρ 为标准状态下被测气体的浓度(1.25kg·m⁻³)；T_0 和 P_0 分别为标准状态下的空气绝对温度和气压(273K，1013hPa)；P 和 T 为测定时箱内的实际气压和气温。在观测期内大气压力变化较小，因此在计算过程中把采样时箱内的大气压力认为是标准状况下的大气压力。

温室气体累积排放量计算方法如下所示：

$$M = \sum \left(F_{i+1} + F_i\right) / 2 \times \left(t_{i+1} - t_i\right) \times 24$$

式中，M 为被测气体累积排放量；F 为温室气体排放通量；i 为样品数量；t 为采样时间。

(二) 生草栽培对山核桃林土壤温室气体通量的影响

1) 试验设计

试验开始前，选择坡度和坡向基本一致的山核桃林作为试验用林。试验采用随机区组设计，设置 4 个处理，分别为：空白，天然生草(山核桃林下为天然生草)，油菜(山核桃林下种植油菜)，紫云英(山核桃林下种植紫云英)，每个处理设置 4 次重复，共有 16 个小区，每个小区面积为 400m²。试验开始前，林下植被种植已有 5 年。研究区土壤类型为板岩发育的红壤。生草的播种及管理方法与本节前文"一、山核桃林土壤性质研究"中"(四)生草栽培对山核桃林土壤质量的影响"试验设计中的方法相同。

本研究采用静态箱-气相色谱法测定生草栽培对山核桃林土壤温室气体的排放的影响。底座于试验开始前 1 个月埋入。采样箱为组合式，即由底座、顶箱组成，均用 PVC 板做成。底座上方有水封凹槽(槽宽 5cm、深 5cm)，顶箱封顶。采集气体时，将采集箱插入底座凹槽中，用蒸馏水密封，分别于关箱后 0min、10min、20min、30min，用注射器抽样 60mL 注入气袋，密封，带回实验室。在 2013 年 1 月至 2013 年 12 月期间，于每月 20 日左右上午 9：00～10：00 采集气体。采集气体的同时，测定土壤 5cm 处的温度，并将采集的土壤样品带回实验室。

2) 研究方法

用气相色谱仪分析气体浓度，通过 GC-2014(日本岛津公司)对温室气体进行测量；土壤基本理化性质参考鲁如坤(1999)；土壤有机质采用重铬酸钾外加热法测定；土壤碱解氮采用碱解扩散法；土壤有效磷采用盐酸氟化铵浸提-分光光度法；速效钾采用乙酸铵浸提-火焰光度法；温室气体排放通量计算方法与前文"四、山核桃林土壤温室气体排放研究"中"（一）施肥对山核桃林土壤温室气体通量的影响"的"2）研究方法"计算方法相同。

第三节　数 据 分 析

一、山核桃林土壤性质研究

(一) 山核桃林土壤肥力的时空格局及其影响因素

1. 山核桃林土壤肥力的时空格局及变化的影响因素

　　试验数据采用 $\bar{X} \pm SD$ (均值±标准差)表示，使用 SPSS 23.0 软件进行相关性分析，采用 R 软件的 gstat 模块拟合半方差函数，利用 ArcGIS 9.3 进行克里格插值，分析土壤肥力质量的时空格局演变，作图采用 SigmaPlot 12.5。

2. 山核桃林地长期经营对土壤肥力的影响

　　利用 Microsoft Office Excel 2003 和 SPSS 18.0 软件进行数据统计及相关性分析。

(二) 不同经营年限山核桃林土壤有机碳特征

　　数据处理均在 SPSS 13.0 软件上完成。采用单因素方差分析(one-way ANOVA)和新复极差法(SSR)比较不同数据组间的差异，显著性水平设定为 $P=0.05$。

(三) 混交林转变为山核桃林后土壤肥力的变化

1. 土壤理化性质的变化

　　对分析结果采用 Microsoft Excel 进行数据处理。

2. 土壤微生物功能多样性的变化

　　数据处理均在 SPSS 13.0 软件上完成。采用单因素方差分析(one-way ANOVA)和新复极差法(SSR)比较不同数据组间的差异，显著性水平设定为 $P=0.05$。

(四) 生草栽培对山核桃林土壤质量的影响

1. 生草栽培对土壤理化性质的影响

　　试验数据处理和统计分析采用 Microsoft Office Excel 2007 和 SPSS 17.0 统计软件，进行显著性检测和相关分析。

2. 生草栽培对土壤有机碳的影响

　　数据处理均在 SPSS 13.0 软件上完成。采用单因素方差分析(one-way ANOVA)和新复极差法(SSR)比较不同数据组间的差异，显著性水平设定为 $P=0.05$。

3. 生草栽培对土壤微生物的影响

　　1) 土壤微生物功能多样性测定

　　试验数据处理和统计分析采用 SPSS 18.0、Microsoft Office Excel 2007 和 DPS 7.05，所有数据为 3 次重复的平均值。

2) 土壤细菌群落结构多样性测定

利用 Quantity One 4.4 软件进行图谱分析时，主要采用未加权配对算数平均法 UPGMA(unweighted pair-group method using arithmetic averages)对 DGGE 图谱进行聚类分析，各泳道图谱的相似性可以通过计算戴斯系数 Cs(Dice coefficient)来比较，一般认为相似值高于 0.60 的两个群体具有较好的相似性。

4. 生草栽培对土壤酶活性的影响

试验数据处理和统计分析采用 Microsoft Office Excel 2007 及 SPSS 17.0 统计软件，进行显著性检测和相关分析。

二、施肥与植物篱对土壤养分流失的影响

1. 施肥对土壤养分径流的影响

利用 Microsoft Office Excel 2003 和 DPS 7.05 软件进行数据统计分析。

2. 施肥对土壤养分渗漏的影响

利用 Microsoft Office Excel 2003 软件进行数据统计分析。

3. 植物篱对土壤渗漏流失的影响

利用 Microsoft Office Excel 2003 和 DPS 软件进行数据统计分析。

三、山核桃干腐病及生长研究

(一) 不同土壤肥力对山核桃干腐病的研究方法

使用 SPSS 19.0 对所得数据进行单因素方差分析，进而分析显著性。

(二) 土壤管理及采收方式对山核桃生长的影响

1. 土壤管理对山核桃生长的影响

试验数据采用 $\bar{X} \pm SD$ (均值±标准差)表示，作图采用 SigmaPlot 12.5。

2. 张网采收对山核桃果实品质的影响

使用 Microsoft Excel 和 SPSS 软件(Windows 24.0 版)进行数据汇总及描述性统计。采用单因素方差分析(one-way ANOVA)比较各性状间的差异。采用 Pearson 相关系数来评价果实性状间的关系，用 Corrplot 软件包(Rv3.5.0)可视化相关关系。

四、山核桃林土壤温室气体排放研究

1. 施肥对山核桃林土壤温室气体通量的影响

数据均采用 Microsoft Office Excel 2003 和 SPSS 10.0 软件进行分析，所有分析数据都是 4 次重复的均值，如土壤 CO_2、N_2O 和 CH_4 排放通量。数据分析皆采

取随机区组单因素方差分析(one-way ANOVA),利用邓肯式新复极差法(DMRT)在 $P<0.05$ 显著性水平下分析不同施肥处理间的差异性。

2. 生草栽培对山核桃林土壤温室气体通量的影响

数据均采用 Microsoft Office Excel 2003 和 SPSS 11.5 软件进行分析,利用单因素方差分析(one-way ANOVA)比较生草栽培对土壤温室气体排放、综合温室效应的不同影响。

第三章　山核桃林土壤肥力的时空格局及影响因素

第一节　山核桃林土壤肥力的时空格局

土壤肥力是度量土壤为植物正常生长提供并协调养分及环境条件,确保食物、纤维和能量等生物生产的能力。由于人为因素的强烈干扰,如除草、施肥、踩踏、耕作等,导致高效生产商品林土壤肥力质量发生变化且反过来对人类和生态环境产生影响,引起山核桃林土壤肥力的下降。本节对 2008 年和 2013 年临安区山核桃林土壤进行采样,旨在探究山核桃林土壤肥力的时间变化。

一、土壤肥力质量的时间变化

与 2008 年相比,2013 年的山核桃林土壤肥力质量总体呈下降趋势(表 3-1),5个肥力质量指标的标准差变小,变异程度降低,土壤 pH 从 5.5 下降到 5.3;有机碳含量降低了 0.2g·kg^{-1};水解性氮和速效钾含量显著降低,分别下降 19.4mg·kg^{-1}、55.6mg·kg^{-1};但有效磷含量增加了 0.5mg·kg^{-1}。

表 3-1　2008 年和 2013 年山核桃林土壤肥力的统计特征

肥力指标	2008 年		2013 年		2008~2013 年的变化
	均值±标准差	范围	均值±标准差	范围	
pH	5.5±0.7	4.1~7.6	5.3±0.6	4.3~7.8	−0.2
有机碳 /(g·kg^{-1})	18.8±8.4	3.1~68.4	18.6±6.9	6.1~47.3	−0.2
水解性氮 /(mg·kg^{-1})	192.0±64.2	79.3~509.6	172.6±57.2	36.2~514.2	−19.4*
有效磷 /(mg·kg^{-1})	4.3±6.2	0.1~35.9	4.8±4.5	0.1~30.5	0.5
速效钾 /(mg·kg^{-1})	107.0±57.9	31.0~416.2	51.4±29.1	3.7~179.4	−55.6**

*表示 2008 年与 2013 年间存在显著性差异($P<0.05$);**表示 2008 年与 2013 年间存在极显著性差异($P<0.01$)。

二、土壤肥力质量的时空演变

(一) 土壤 pH 及变化

2013 年调查样地土壤 pH 主要集中于 5.0～5.5 之间，高值主要分布在湍口镇、龙岗镇和清凉峰镇的部分区域，低值主要分布在岛石镇北部和太湖源镇。调查结果表明，2008～2013 年山核桃产区土壤 pH 的变幅主要集中在 –0.5～–0.2 个单位，pH 降低最多的区域为岛石镇中部和清凉峰镇。

(二) 土壤有机碳含量及变化

2013 年调查样地土壤有机碳含量主要集中于 16.0～20.0g·kg^{-1}，高值主要分布在太阳镇北部和岛石镇外围，低值主要分布在湍口镇、龙岗镇和清凉峰镇。调查结果表明，2008～2013 年山核桃产区土壤有机碳含量的变幅主要集中在 –0.5～0.0g·kg^{-1}，有机碳含量降低最多的区域为岛石镇北部。

(三) 土壤水解性氮含量及变化

2013 年调查样地土壤水解性氮含量主要集中于 160.0～200.0mg·kg^{-1}，高值主要分布于太阳镇、清凉峰镇东部及岛石镇南部，低值主要分布在湍口镇和清凉峰镇西部。调查结果表明，2008～2013 年山核桃产区土壤水解性氮含量的变幅主要集中在 –35.0～0.0mg·kg^{-1}，水解性氮含量降低最多的区域为岛石镇北部。

(四) 土壤有效磷含量及变化

2013 年调查样地土壤有效磷大部分区域均小于 6.0mg·kg^{-1}，仅岛石镇土壤有效磷含量介于 6.0～12.0mg·kg^{-1}。调查结果显示，2008～2013 年山核桃产区土壤有效磷含量的变幅主要集中在 0.0～1.0mg·kg^{-1}，含量降低最多的区域为岛石镇北部。

(五) 土壤速效钾含量及变化

2013 年调查样地产区大部分区域土壤速效钾含量<50.0mg·kg^{-1}，高值主要集中于岛石镇与龙岗镇交界线、太阳镇北部。调查结果显示，2008～2013 年山核桃产区土壤速效钾含量的变幅主要集中在 –70～–35mg·kg^{-1}，速效钾含量降低最多的区域为岛石镇中部。

三、土壤肥力质量的空间变异特征

2008 年和 2013 年的山核桃林土壤肥力质量的半方差函数均符合指数模型 (表 3-2)，拟合模型的决定系数(R^2)介于 0.73～0.85，表明指数模型能对山核桃林土壤肥力进行最优的模型模拟。

表 3-2   土壤肥力的半方差函数理论模型和参数

肥力指标	理论模型	年份	块金值 (C_0)	基台值 (C_0+C)	块金值/基台值 /%	变程 /km	决定系数 (R^2)
pH	指数模型	2008	0.31	0.61	51.45	27.29	0.76
		2013	0.16	0.32	49.75	3.39	0.85
有机碳 /(g·kg⁻¹)	指数模型	2008	36.25	69.91	51.84	12.92	0.74
		2013	27.94	53.07	52.65	15.68	0.81
水解性氮 /(mg·kg⁻¹)	指数模型	2008	2043.10	3927.30	52.02	6.98	0.77
		2013	2845.30	3393.14	83.85	4.82	0.73
有效磷 /(mg·kg⁻¹)	指数模型	2008	25.05	37.82	66.22	2.93	0.76
		2013	6.15	19.74	31.14	0.69	0.74
速效钾 /(mg·kg⁻¹)	指数模型	2008	1972.40	2784.92	70.82	0.85	0.85
		2013	517.67	737.80	70.16	5.18	0.78

与 2008 年相比，2013 年土壤 pH、有机碳、有效磷、速效钾含量的基台值与块金值均下降，表明结构变异和随机变异均降低；水解性氮含量的基台值降低，而块金值升高，说明系统变异性有所削弱，而随机变异性增强。水解性氮含量的块基比(块金值/基台值)由 2008 年的 52.02%增加至 83.85%，表明随机因素(如施肥、耕作、除草等)对山核桃产区水解性氮含量空间变异中的主导作用加强。有效磷含量的块基比则从 66.22%下降到 31.14%，说明土壤有效磷的空间分布特征受母岩、海拔、地形等自然因素的作用增强。

土壤 pH、水解性氮、有效磷含量的空间自相关距离均降低，表明空间分布的连续性减弱；而有机碳和速效钾含量的空间自相关距离提高，即空间分布的连续性增强。

四、小结与讨论

在 1982 年家庭联产承包责任制实施后，山核桃林分给个人经营，从而加强了林地经营；在 20 世纪 90 年代后，山核桃生产中大力推广肥料(复合肥 600kg·hm⁻¹)和除草剂的施用(22.5kg·hm⁻¹)等丰产栽培技术，平均产量上升到 1000kg·hm⁻²，与 20 世纪 80 年代相比增加了 1.53 倍。但强度经营也导致了一系列问题，如水土流失严重，侵蚀模数达 1157～3887t·km⁻²·a⁻¹；土壤酸化明显，有机质和养分含量减少，与 1982 年相比，2008 年土壤 pH 下降了 0.7 个单位，有机碳含量下降了 19.0%，全氮、磷、钾含量下降了 19.0%～21.8%；次生阔叶林转变为山核桃林 20 年后，土壤有机碳含量则下降了 38.6%。本研究结果表明，2008～2013 年的 5 年间山核桃林土壤 pH 和有机碳含量略有下降(表 3-1)。

由于山核桃林的强度经营，山核桃干腐病、枯枝病危害日益严重，大量山核桃植株死亡，研究和技术推广人员于 2005 年开始关注山核桃的生态化经营，发布了"山核桃优质高效生态安全生产技术"(DB 3301/T160.3，2009)，提出了测土配方施肥、禁用内吸型除草剂、生草管理等技术。林农由于害怕山核桃植株的死亡而不施或少施化学肥料，随着生态化经营技术的推广，与以往相比，2008～2012 年临安区农业生产中共少用化肥 5000t。因此，2008～2013 年山核桃林土壤速效氮、钾含量显著下降(表 3-1)。

第二节　山核桃林土壤肥力变化的影响因素

土壤肥力的高低受气候、植被、地形、土壤属性及人类活动等自然和人为因素的综合影响。研究不同母岩、不同海拔、不同土壤环境和不同管理措施对山核桃林土壤肥力的影响具有重要的意义。本节分别对自然因素与人为因素对山核桃林土壤肥力的影响进行了方差分析，为山核桃林土壤肥力变化因素的研究提供数据支撑。

一、自然因素对土壤肥力时空变化的影响

(一) 海拔对土壤肥力时空变化的影响

为了解不同海拔对山核桃林土壤肥力的影响，将海拔分为 100～300m、300～500m、500～700m、>700m 等四个区域进行统计分析。2008～2013 年林地土壤肥力的变化与海拔之间的均值方差分析表明(表 3-3)，海拔对土壤 pH(P=0.000)、有机碳(P=0.096)、水解性氮(P=0.073)、速效钾(P=0.001)含量的变化有显著影响，土壤 pH、有机碳、速效钾、水解性氮含量降幅最大的区域分别是在海拔 300～500m、100～300m、500～700m、>700m 的山核桃林。

表 3-3　不同海拔对土壤肥力影响的均值方差分析

肥力指标	平方和	自由度	均方	统计量值	F 值的伴随概率
pH	83.99	227	3.39	10.29	0.000**
有机碳/(g·kg⁻¹)	6 100.88	227	56.68	2.14	0.096*
水解性氮/(mg·kg⁻¹)	1 435 980.48	227	14 593.39	2.38	0.073*
有效磷/(mg·kg⁻¹)	6 342.77	218	34.74	1.19	0.312
速效钾/(mg·kg⁻¹)	803 803.52	227	17 771.97	5.30	0.001**

*表示在 P<0.1 水平差异有统计学意义；**表示在 P<0.01 水平差异有统计学意义。

(二)母岩对土壤肥力时空变化的影响

山核桃可在不同母岩发育的土壤上生长,本研究中山核桃林的母岩有板岩、花岗岩、流纹岩、千枚岩、砂岩、砂页岩和石英斑岩等 7 种。2008~2013 年林地土壤肥力的变化与不同母岩之间的均值方差分析表明(表 3-4),不同母岩对土壤 pH($P=0.000$)、水解性氮($P=0.041$)、速效钾($P=0.006$)含量的变化有显著影响,pH 降幅以砂岩发育的土壤最大,速效钾和水解性氮含量减少最多的是板岩发育的土壤。

表 3-4　不同母岩对土壤肥力影响的均值方差分析

肥力指标	平方和	自由度	均方	统计量值	F 值的伴随概率
pH	71.71	178	1.55	4.27	0.000**
有机碳/(g·kg^{-1})	4 939.14	178	40.66	1.49	0.184
水解性氮/(mg·kg^{-1})	1 091 854.53	178	13 207.99	2.24	0.041*
有效磷/(mg·kg^{-1})	5 959.92	170	24.99	0.71	0.645
速效钾/(mg·kg^{-1})	700 234.58	178	11 622.08	3.17	0.006**

*表示在 $P<0.05$ 水平差异有统计学意义;**表示在 $P<0.01$ 水平差异有统计学意义。

二、不同乡镇的人为经营对土壤肥力时空变化的影响

不同乡镇林农的人工经营方法、强度及历史等综合经营模式存在较大的差异,掌握不同乡镇的土壤肥力情况,有利于实施不同的经营措施(如施肥量及肥料种类)。2008~2013 年林地土壤肥力的变化与不同乡镇的人为经营之间的均值方差分析表明(表 3-5),不同乡镇的人为经营对土壤 pH($P=0.000$)、有机碳($P=0.091$)、水解性氮($P=0.073$)、有效磷($P=0.001$)、速效钾($P=0.000$)含量的变化均有显著影响,岛石镇土壤有机碳和水解性氮、有效磷、速效钾降低的幅度最大,pH 则以清凉峰镇和岛石镇降低最多。

表 3-5　不同乡镇对土壤肥力影响的均值方差分析

肥力指标	平方和	自由度	均方	统计量值	F 值的伴随概率
pH	84.36	231	1.93	6.40	0.000**
有机碳/(g·kg^{-1})	6 151.82	231	43.96	1.70	0.091*
水解性氮/(mg·kg^{-1})	1 443 835.55	231	10 812.45	1.78	0.073*
有效磷/(mg·kg^{-1})	6 384.30	222	83.50	3.16	0.001**
速效钾/(mg·kg^{-1})	815 231.08	231	13 883.86	4.47	0.000**

*表示在 $P<0.1$ 水平差异有统计学意义;**表示在 $P<0.01$ 水平差异有统计学意义。

三、小结与讨论

海拔对山核桃林土壤肥力质量有显著影响(表 3-3)。随着海拔升高,气候变得更为冷湿,土壤水热条件发生了变化,因此山区土壤肥力质量与海拔有密切的关系。随着海拔高度增加,山核桃林土壤有机碳含量提高,pH 下降,水解性氮、速效钾含量增加,而有效磷含量先增加、后降低。

母岩也影响着山核桃林土壤肥力质量的好坏(表 3-4)。母岩是形成土壤的基础,不同母岩所形成的土壤,不论是物理性质还是化学性质都有很大差异。山核桃林土壤有机碳及水解性氮、有效磷、速效钾含量均以板岩发育的土壤为最高,花岗岩发育的土壤 pH 最低。

乡镇是最基本的行政单位,不同乡镇在地理位置上有着一定差异,对于山核桃林的施肥、除草等经营措施也不一致,因此人工经营导致了不同乡镇山核桃林土壤肥力存在着较大差异。岛石镇是最早实施山核桃集约化经营的乡镇,因此林地土壤 pH 较低,水解性氮、有效磷、速效钾含量则最高;近 5 年来,随着肥料施用量减少,该镇土壤水解性氮、有效磷、速效钾含量的降幅也是最大的。

第三节 山核桃林长期经营对土壤肥力的影响

山核桃作为我国特有的优质干果和木本油料植物,一直都有着重要的经济价值。随着经济的发展和山核桃价格的不断攀升,山核桃集约化程度越来越高,山核桃林的长期经营也对土壤肥力产生影响。本节试验以山核桃主产地之一的临安区为对象,调查该区山核桃主产区的 10 个乡镇典型山核桃林土壤养分现状,以探讨山核桃林长期经营对土壤肥力的影响。

据调查,山核桃林高质优产区主要分布在海拔 450~700m。本试验根据不同海拔,对高质优产区和适宜区进行分类,高质优产区(450~700m)样品数 129 个,适宜区(200~450m、700~1000m)样品数 167 个。不同山核桃产区土壤性质见表 3-6。

表 3-6 不同山核桃产区土壤性质

地段	样品数	pH	有机质 /(g·kg^{-1})	速效钾 /(mg·kg^{-1})	速效磷 /(mg·kg^{-1})	碱解氮 /(mg·kg^{-1})
高质优产区	129	5.36±0.68b	33.75±15.65a	121.69±63.13a	6.71±7.75a	194.89±67.83a
适宜区	167	5.62±0.71a	29.54±10.34b	91.06±43.63a	2.61±3.79a	180.11±47.16b

一、土壤 pH 的变化

土壤 pH 是影响土壤养分形态、有效性的重要因子之一,它能直接影响林木生长和生物的活动分布。不同产区山核桃林土壤 pH 存在较大的差异,长期施肥过程使林地土壤酸化严重,各产区土壤平均 pH 均低于 6.0,根据浙江省森林土壤性质分级标准,属于森林土壤养分二级标准,高质优产区 pH 为 5.36,明显低于适宜区的 5.62,下降了 0.26 个 pH 单位。其中,高质优产区土壤 pH ≤ 5.0 样品占到 30.2%,有的甚至只有 4.05 个 pH 单位;而适宜区占 20.5%。本试验 296 个土样平均 pH 为 5.51,与洪游游(1997)等 135 个样品 pH 相比,下降 0.4 个 pH 单位,即土壤 pH 随着山核桃种植年限的增加有明显下降趋势。

二、土壤有机质的变化

土壤有机质含量是表征土壤供肥水平的重要因子之一,同时山核桃林土壤有机质的变化对反映山核桃林土壤质量演变具有极其重要意义。分析结果表明,高质优产区平均有机质含量要显著高于适宜区,它们之间分级明显,分别为森林土壤养分四级、三级标准。高质优产区有机质范围在 5.28～117.84g · kg^{-1},平均为 33.75g · kg^{-1},变异系数 46.4%;适宜区有机质范围为 11.06～60.74g · kg^{-1},平均为 29.54g · kg^{-1},变异系数 35%。笔者认为造成高质优产区有机质变异高于适宜区的主要因素是频繁人工经营模式下两种相反作用的共同结果。一方面,由于耕作导致土壤有机质矿化增强,从而减少土壤有机质;另一方面,当地农民有施用鸡粪等有机肥以及生草覆盖的习惯,可提高有机质的积累量。临安山核桃林有机质含量要低于同地区的不同经济林地的有机质含量,如临安茶园 40.2g · kg^{-1}、雷竹林 79.2g · kg^{-1}。

三、土壤有效元素的变化

(一) 土壤速效钾

土壤中的钾素能够催化植物代谢活动,同时能缓和过量氮肥引起的有害作用,提高植物抗病、抗旱、抗寒性。经调查发现,高质优产区和适宜区土壤平均钾素没有统计学上的显著差异,但是它们之间分级明显,分别属于四级和三级标准。同时,高质优产区钾素最大值为 416.18mg · kg^{-1},是适宜区的 1.68 倍。

山核桃不同产区土壤钾素分级情况如图 3-1 所示:高质优产区一级土占 6.98%,二级土占 21.7%,三级土占 28.68%,四级土占 42.64%;适宜区一级土占 1.98%,二级土占 38.92%,三级土占 31.14%,四级土占 17.96%,可见高质优产区钾素在四级土比例是适宜区的 2.37 倍,即高质优产区钾素富集程度要高。造成该情况的原因可能是复合肥氮、磷、钾比例失衡,提供的钾素含量超过植物需求量,使得钾素在土壤中累积。同时高质优产区也有 6.98% 的土壤钾素极缺乏,这并不单单是施肥不足造成的,也有可能是钾素在降雨条件下淋洗流失。

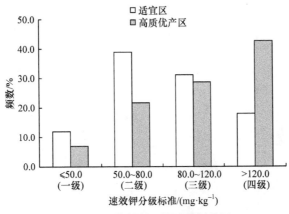

图 3-1　山核桃林土壤速效钾分级

(二) 土壤速效磷

土壤速效磷是土壤供给磷素水平的一个重要指标，同时地表径流中磷素的流失与表土磷含量相关，一般而言，土壤含磷量低，土壤解吸的磷量较少，随着土壤磷积累，土壤解吸磷的强度也逐渐增强，当土壤中磷含量超过阈值时，土壤磷解吸迅速增加。本研究表明，高质优产区土壤平均磷含量是适宜区的 2.57 倍，表明受人工经营活动的影响，土壤磷素积累十分明显。不同产区土壤速效磷含量如图 3-2 所示，从图中可以看出适宜区磷素 ≤ 5.0mg · kg^{-1} 的占到 85.63%，平均值仅为 1.34mg · kg^{-1}，而高质优产区磷素在此范围下降到 59.69%，平均值上升到 1.96mg · kg^{-1}，同时高质优产区磷素含量在箱线图中表现为"金字塔"形，部分土壤磷素含量已经超过磷素流失的阈值，甚至达到 35.94mg · kg^{-1}，高质优产区土壤磷素变异系数达到 116%。分析表明，山核桃林土壤本身含磷量较低，受母质，气候，地形条件影响较弱，在人类经营模式下，施肥引起土壤磷素富集甚为明显。同时，磷的迁移发生在地表径流较多地区，王云南(2011)研究结果表明，山核桃林土壤侵蚀程度剧烈，有的侵蚀模数甚至已达到 3887t · km^{-2} · a^{-1}，Lemunyon 和 Gilbert(1993)在对土壤中磷素流失敏感性评价指标中提出，土壤侵蚀、土壤径流等级、土壤磷含量分别在该体系中的权重占到 1.5、0.5、1。也就是说，在同等土壤磷含量，山核桃林磷素流失比农田、雷竹林要高。

(三) 土壤碱解氮

土壤碱解氮是土壤供氮能力的一个重要因子，同时它是表征土壤氮素潜在流失能力的重要指标。它的含量受土壤总氮、有机质组成和数量，以及有机质矿化速率影响。调查分析表明(图 3-3)，长期施肥等人类经营活动，使得碱解氮在土壤中有显著富集现象，高质优产区氮素平均含量 (194.89mg · kg^{-1}) 显著高于适宜区 (180.11mg · kg^{-1})。高质优产区碱解氮范围为 79.26~444.31mg · kg^{-1}，变异系数 35%；

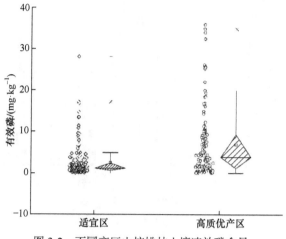

图 3-2　不同产区山核桃林土壤速效磷含量

适宜区碱解氮范围为 83.68～299.03mg·kg^{-1}，变异系数为 26%。其中，适宜区土壤碱解氮>200mg·kg^{-1} 的占 31.14%，而在高质优产区占 43.41%。土壤中碱解氮含量的高低直接影响其对水体的迁移，土壤中碱解氮含量越高，径流中可溶性氮、侵蚀泥沙中颗粒态氮的浓度也越高。

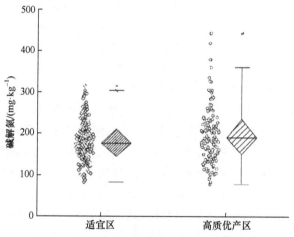

图 3-3　不同产区山核桃林土壤碱解氮含量

四、土壤质地

土壤质地是反映土壤内在肥力特征的重要因子，不同产区地段土壤大多数属于粉砂质黏壤土和粉砂质壤土。不同产区山核桃林土壤质地如图 3-4 所示，高质优产区土壤平均砂粒、粉粒、黏粒分别占 27.25%、51.73%、21.02%，而适宜区则分别为 26.74%、51.77%、21.52%。不同产区地段相比，高质优产区砂粒含量上升了 0.51%, 而黏粒含量下降了 0.5%。人工经营活动造成土壤侵蚀加剧，进一步引起土壤粗化、土层减薄的现象。一般来说，侵蚀固体颗粒中养分含量和有效性比原土壤要高，这是因为黏粒颗粒优先迁移。

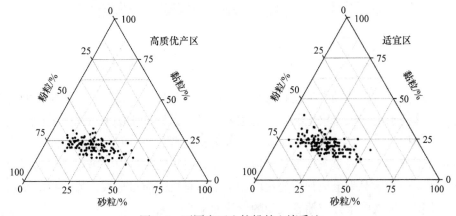

图 3-4　不同产区山核桃林土壤质地

五、小结与讨论

与适宜区相比，高质优产区土壤 pH 显著下降，平均值为 5.36，土壤中有机质、氮、磷、钾均有不同程度的积累，其中有机质、速效钾、速效磷和碱解氮含量分别为 33.75g·kg⁻¹、121.69mg·kg⁻¹、6.71mg·kg⁻¹ 和 194.89mg·kg⁻¹，变异系数分别为 46.5%、51.9%、115.5%和 34.8%。而适宜区，有机质、速效钾、速效磷和碱解氮含量分别为 29.54g·kg⁻¹、91.06mg·kg⁻¹、2.61mg·kg⁻¹ 和 180.11mg·kg⁻¹，变异系数分别为 35.0%、47.9%、145.4%、26.2%。

山核桃林区土壤氮素养分富集明显，存在较高流失风险，土壤本底磷素含量非常低，经集约化经营，土壤磷素上升显著，有的甚至达到 35.94mg·kg⁻¹，是本底土壤的 26.8 倍，表明施肥过量，肥料配比不平衡，超过作物对磷素的需求。同时，山核桃林土壤侵蚀剧烈，长期过量施肥引起土壤磷含量大量累积，以及施肥之后降水突发性磷素流失风险应当引起重视。山核桃林区土壤多属黏壤土和粉砂质壤土，同时高质优产区土壤粗化、土层减薄现象明显，为养分淋溶损失提供了条件。

第四章　山核桃林土壤有机碳特征

第一节　山核桃林土壤总有机碳的变化

土壤有机碳及其动态平衡是影响土壤中养分的储存与供应、土壤结构的稳定性、土壤持水力以及土壤生物生长的主要因子，是评价土壤肥力和土地持续利用的主要指标之一，其数量和分布反映了地表植物群落的空间分布、时间上的演替和人为干扰。不同气候条件下，土地利用变化及人为干扰对土壤有机碳的影响并不一致，一种情况为土地利用变化增加了土壤有机碳质量分数，另一种情况则表现为土壤有机碳质量分数随着人为的干扰而减少。

在经济利益的驱动下，大量的天然山核桃-阔叶混交林被人工改造为山核桃纯林，森林生态系统发生了逆向演替。同时，经营过程中集约化程度越来越高，去除林下灌木、杂草，大量施用化肥、农药和除草剂，造成林地土壤有机碳质量分数明显低于相同区域的常绿次生阔叶林。

本节试验在山核桃主产区，通过空间代替时间方法，研究了不同经营年限山核桃林土壤总有机碳的差异，将有助于了解人为经营对土壤有机碳质量及数量的影响，以期为山核桃林土壤的科学管理提供依据。

一、不同经营年限山核桃林土壤有机碳质量分数

天然混交林改造为山核桃纯林初期，林地表层(0~10cm)土壤总有机碳(TOC)质量分数迅速下降，与天然混交林(0 年)相比，山核桃纯林在初始阶段(前 5 年)，TOC 质量分数下降了 28.37%，集约经营 20 年后，土壤 TOC 质量分数共降低了 38.64%(图 4-1)。从图中还可看出，底层(10~30cm)土壤有机碳质量分数为 11.08~13.56g · kg^{-1}，随着经营年限的延长呈现出先下降后上升的变化趋势。

从图 4-2 中可知，随着经营年限的增加，土壤碳/氮呈现下降趋势，总体变化趋势相对稳定，0~10cm 土层土壤碳/氮从 11.50 下降为 9.30，而 10~30cm 土层土壤碳/氮则从 11.01 下降为 9.21。

二、不同经营年限山核桃林土壤有机碳密度

由图 4-3 可以看出，随着经营年限的延长，山核桃林表层(0~10cm)土壤有机碳密度下降，而底层(10~30cm)土壤有机碳密度则呈现出先下降后上升的变化趋

势。不同经营年限 0～30cm 土层土壤有机碳储量的变化规律也呈现出先下降而后上升的趋势。

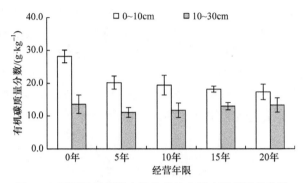

图 4-1　不同经营年限山核桃林地土壤有机碳质量分数

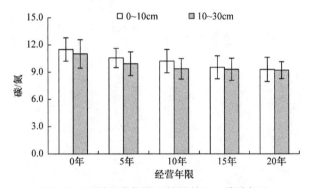

图 4-2　不同经营年限山核桃林地土壤碳氮比

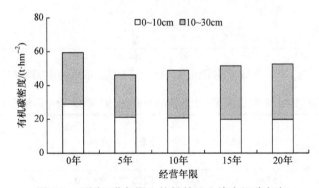

图 4-3　不同经营年限山核桃林地土壤有机碳密度

三、不同经营年限山核桃林土壤有机碳结构

天然混交林转变为山核桃林纯林及集约经营过程中降低了土壤有机碳质量分数，同时也改变了土壤有机碳的结构。图 4-4 为不同经营年限林地 0～10cm 土壤有

机碳的固态 ^{13}C 核磁共振波谱图,可将波谱可划分为 7 个共振区,即烷基碳(0～45)、N-烷氧碳(45～60)、烷氧碳(60～90)、缩醛碳(90～110)、芳香碳(110～145)、酚基碳(145～165)和羰基碳(165～210)。土壤有机碳中各种含碳组分的百分比见表 4-1。

天然林转变为山核桃纯林初期(5 年),林地土壤 N-烷氧碳的比例显著下降9.36%,而缩醛碳、酚基碳和羰基碳的比例增加了 15.08%、10.65%、8.07%;人工纯林化经营 20 年后,与天然混交林相比,土壤 N-烷氧碳的比例继续下降,降低了 25.09%,而芳香碳、酚基碳和羰基碳比例继续上升,分别增加了 17.85%、27.66%和10.52%,其他碳组分的比例则变化不大。

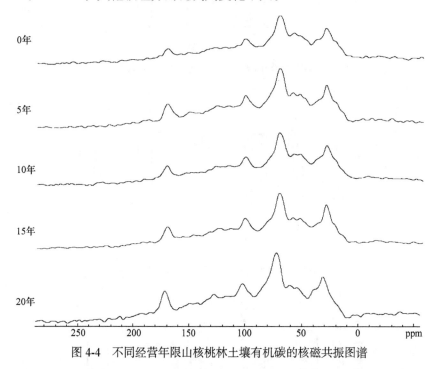

图 4-4　不同经营年限山核桃林土壤有机碳的核磁共振图谱

表 4-1　不同经营年限山核桃林土壤含碳组分在 ^{13}C NMR 谱中的信号强度分布

年限/年	烷基碳	N-烷氧碳	烷氧碳	缩醛碳	芳香碳	酚基碳	羰基碳	烷基碳/烷氧碳	疏水碳/亲水碳	脂族碳/芳香碳	芳香度/%
0	22.78a	16.02a	25.72a	11.14a	13.05b	5.35b	6.94b	0.55b	0.69b	2.99a	19.56b
5	21.21a	14.52b	24.69a	12.82a	13.34b	5.92b	7.50b	0.54b	0.68b	2.74a	20.82b
10	23.07a	13.85b	24.11a	11.59a	12.52bc	6.15ab	8.71a	0.61a	0.72ab	2.65ab	20.45b
15	23.32a	13.86b	24.38a	10.59a	14.68ab	6.04ab	7.13b	0.61a	0.79a	2.59ab	22.31ab
20	22.91a	12.00b	23.82a	11.39a	15.38a	6.83a	7.67b	0.64a	0.82a	2.35b	24.06a

注:同列不同字母表示差异显著($P<0.05$)。

四、小结与讨论

山核桃经营过程中，林地土壤有机碳质量分数显著下降。人类的干扰活动和土地利用变化对土壤有机碳的质量分数、组成和结构都会产生显著影响，尤其是土地利用方式改变初期(<10 年)，土壤有机碳质量分数的变化最为显著。本研究表明，天然次生阔叶林(0 年)改造为山核桃纯林 5 年后，林地土壤有机碳质量分数显著下降，降低了 28.37%。后期的山核桃纯林化经营，土壤有机碳质量分数缓慢下降，与 0 年相比，经过 20 年的人工经营，土壤有机碳质量分数总共下降了 38.64%。天然阔叶林由于没有受到人为的干扰，植被覆盖度高，郁闭度达 0.8，每年通过枝叶凋落，枯落物回归地表，土壤表层枯落物、腐殖质质量分数高，土壤有机碳质量分数相对较高。而山核桃纯林受人为干扰强烈，灌木层和草本层缺失，凋落物的输入明显减少，同时山核桃纯林土壤结构发生变化，土壤昼夜温差大，有机质分解速度加快；并且山核桃纯林水土流失严重，造成林地土壤有机碳大量流失，从而导致土壤有机碳质量分数明显下降。

随着经营年限的延长，降低了林地土壤机碳中烷基碳/烷氧碳、疏水碳/亲水碳比值，而提高了脂族碳/芳香碳和芳香度。烷基 $C_{0~45}$/烷氧 $C_{45~110}$ 比值可作为有机碳分解程度的指标；疏水碳/亲水碳=($C_{0~45}$+$C_{110~165}$)/($C_{45~110}$+$C_{165~210}$)，其比值越大，则土壤有机碳稳定性越高。脂族 $C_{0~110}$/芳香 $C_{110~165}$，该比值越高，表明腐殖物质中芳香核越少、脂肪族侧链越多、缩合程度越低、分子结构越简单。芳香度($C_{110~165}$/$C_{0~165}$×100%)的值越大，表明芳香核越多，分子结构越复杂。与天然混交林(0 年)相比，经过 20 年的强度经营，林地土壤有机碳结构发生了改变，土壤有机碳中烷基碳/烷氧碳、疏水碳/亲水碳的比值分别提高了 16.36%和 18.84%，这说明土壤中难分解有机碳的比例相对增加。脂族碳/芳香碳比值下降了 21.40%，而芳香度则提高了 23.01%，这进一步说明了土壤中有机碳分子结构变得复杂，腐殖质中芳香核越多，脂肪族侧链越少，缩合程度越高，分子结构越复杂，即随着山核桃林集约经营历史的延长，林地土壤有机碳库的稳定性增强。天然常绿阔叶林改造成山核桃纯林并经过长期集约经营后，土壤中的一部分活性有机碳组分转化为难降解的碳库组分或者转化成二氧化碳而损失，与上述研究中土壤有机碳显著减少也是一致的。

第二节　山核桃林土壤有机碳化学分组

土壤中的腐殖质是指与矿质结合形成的有机-无机复合胶体，它是土壤有机碳中比较活跃的组分，对土壤结构形成、土壤养分和水分的供应与保持都有重要影响，它的组成和特性在很大程度上也反映了土壤肥力状况。

土壤中有机矿质复合体主要包括钙键复合体、铝键复合体和铁键复合体，同时也包括少量微量元素所构成的复合体，如锌、锰、铜等。钙键或铁铝键结合是土壤有机碳重要的有机-无机结合形式，钙键结合有机碳是外圈配合产物，铁铝键结合有机碳是内圈配合产物，铁铝键结合有机碳的稳定性更高，且两者的形成环境也有所差异。因此，钙键有机碳和铁铝键有机碳在土壤肥力上的意义及作用也不相同。

土壤惰性有机碳是一类不易分解的有机碳，它的周转时间为400～2000年，性质非常稳定，可以通过酸水解法而获得。

随着山核桃林经营年限的延长，土壤有机碳化学分组中的腐殖质组成、钙键和铁铝键结合有机碳及惰性有机碳质量分数究竟有何变化？本节就此问题进行阐述。

一、不同经营年限对山核桃林土壤腐殖质组成的影响

(一) 不同经营年限山核桃林土壤腐殖质组成质量分数

土壤腐殖质由腐殖酸和胡敏素组成，腐殖酸又包括胡敏酸和富里酸。从表4-2可以看出，不同经营历史山核桃林土壤腐殖质组成质量分数均表现为富里酸碳>胡敏素碳>胡敏酸碳，腐殖酸碳(胡敏酸碳+富里酸碳)占有机碳总量的比例为64%～76%，胡敏素碳占有机碳总量的比例为 24%～36%。山核桃林地土壤腐殖质组成随着土层深度的增加而下降，表层(0～10cm)土壤腐殖质组分质量分数均高于底层(10～30cm)。

表4-2　不同经营年限山核桃林土壤腐殖质组成

土层/cm	经营年限/年	胡敏酸碳		富里酸碳		胡敏素碳		HA/FA
		质量分数/(g·kg⁻¹)	占总有机碳比例/%	质量分数/(g·kg⁻¹)	占总有机碳比/%	质量分数/(g·kg⁻¹)	占总有机碳比例/%	
0～10	0	7.89a	28.02a	11.38a	40.40a	8.89a	31.58a	0.69a
	5	5.51b	27.34a	8.65b	42.89a	6.01b	29.77a	0.64a
	10	5.20b	26.81a	8.52b	43.92a	5.67b	29.26a	0.61a
	15	4.70bc	25.91a	8.26b	45.51a	5.19b	28.57a	0.57a
	20	4.32c	24.98a	7.94b	45.97a	5.02b	29.04a	0.54a
10～30	0	3.67a	27.10a	5.08a	37.45a	4.81a	35.46a	0.72a
	5	3.39a	30.58a	5.03a	45.41a	2.66b	24.01b	0.67a
	10	3.36a	28.64a	4.99a	42.50a	3.39b	28.86b	0.67a
	15	3.58a	27.57a	5.36a	41.34a	4.03b	31.09b	0.67a
	20	3.61a	27.09a	5.68a	42.65a	4.03b	30.27b	0.64a

注：同列不同字母表示差异显著($p<0.05$)。

　　山核桃林表层(0～10cm)土壤腐殖质组成的含碳量随着经营历史的延长而下降，但不同经营历史阶段下降的幅度略有差异。与天然混交林(0 年)相比，山核桃林强度经营 5 年后，胡敏酸碳、富里酸碳和胡敏素碳质量分数显著下降，分别降低了 30.10%、23.93%和 32.46%；随着经营历史进一步延长，山核桃林土壤腐殖质组成的含碳量继续下降，集约经营 20 年后，土壤胡敏酸碳、富里酸碳和胡敏素碳质量分数分别下降了 45.29%、30.17%和 43.57%(表 4-2)，但不同经营历史阶段之间的差异并不显著。而山核桃林底层(10～30cm)土壤腐殖质组分的含碳量在不同经营年限林分中相对稳定，胡敏酸碳、富里酸碳和胡敏素碳质量分数分别为 3.36～3.67g·kg^{-1}、4.99～5.68g·kg^{-1}、2.66～4.81g·kg^{-1}。

　　土壤腐殖质碳组分占总有机碳比例的变化规律如表 4-2 所示。林地表层(0～10cm)土壤胡敏酸碳、胡敏素碳占总有机碳的比例随着经营年限的延长而下降，而富里酸碳占总有机碳的比例则随着经营年限的延长而升高，但不同经营阶段之间的差异并不显著。不同经营历史阶段林地底层(10～30cm)土壤腐殖质组分的含碳量占总有机碳的比例与表层土壤的变化规律相似。胡敏酸/富里酸(HA/FA)比值是土壤腐殖质组成中胡敏酸碳量和富里酸碳量之比值，常用以表征土壤腐殖质组成的性质。从表中可知，林地土壤 HA/FA 随着土层深度的增加而增加，表层(0～10cm)土壤 HA/FA 均低于底层(10～30cm)。随着经营历史的延长，土壤 HA/FA 略有下降，但不同经营历史阶段之间的差异并不显著。

(二) 不同经营年限对山核桃林土壤腐殖质组成碳氮比的影响

　　碳氮比是表征土壤肥力的一个重要指标，一定程度上反映了土壤有机碳中碳、氮组成的变化，且土壤有机碳组分中碳氮比值的不同，还能说明土壤有机碳降解和腐殖化程度的差异。从图 4-5、图 4-6 可知，0～10cm 土壤胡敏酸碳/氮介于 9.8～11.6，富里酸碳/氮介于 9.1～10.7，而 10～30cm 土壤胡敏酸碳/氮介于 10.8～13.5，富里酸碳/氮介于 6.9～9.1，林地土壤胡敏酸碳/氮高于富里酸碳/氮。

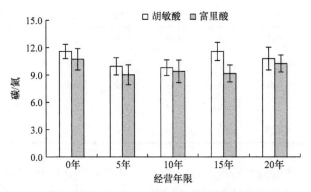

图 4-5　不同经营年限山核桃林地土壤腐殖质碳氮比(0～10cm)

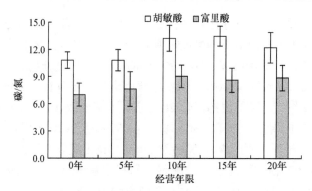

图 4-6 不同经营年限山核桃林地土壤腐殖质碳氮比(10～30cm)

二、不同经营年限对山核桃林土壤键合有机碳组分的影响

(一) 不同经营年限山核桃林土壤键合有机碳质量分数

键合有机碳包括钙键结合有机碳和铁铝键结合有机碳。从表 4-3 可以看出，山核桃林地土壤有机碳化学结合方式上均以铁铝键结合为主，不同经营年限、不同层次土壤铁铝键结合有机碳均极显著高于钙键结合有机碳。

表 4-3 不同经营年限山核桃林土壤键合有机碳质量分数

土层 /cm	经营年限/年	钙键有机碳		铁铝键有机碳		全钙 /(g·kg⁻¹)	全铁 /(g·kg⁻¹)	全铝 /(g·kg⁻¹)
		质量分数 /(g·kg⁻¹)	占总有机碳比例/%	质量分数 /(g·kg⁻¹)	占总有机碳比例/%			
0～10	0	0.78	2.8	15.89	56.4	4.02	38.60	38.40
	5	0.60	3.0	11.25	55.7	3.17	36.69	36.91
	10	0.58	3.0	10.64	54.9	3.12	37.40	36.37
	15	0.55	3.1	9.45	52.1	3.48	35.42	35.15
	20	0.53	3.1	9.04	52.3	2.77	35.68	35.16
10～30	0	0.60	4.4	8.85	65.3	2.62	36.75	35.86
	5	0.52	4.7	7.14	64.4	2.54	28.45	34.23
	10	0.51	4.3	7.18	61.2	1.98	20.00	34.00
	15	0.49	3.8	7.53	58.0	1.92	20.45	33.55
	20	0.50	3.8	7.59	57.0	2.67	20.60	32.64

钙键有机碳质量分数较低(<1.0g·kg⁻¹)，占总有机碳的比例为 2.8%～4.7%。铁铝键有机碳占总有机碳比例高达 52.1%～65.3%。林地土壤键合有机碳质量分数

均随着土层深度的增加而下降，表层(0～10cm)土壤有机碳质量分数均高于底层(10～30cm)。

　　林地表层(0～10cm)土壤键合有机碳质量分数随着经营历史的延长而下降，但不同经营历史阶段下降的幅度略有差异。相较天然混交林(0年)，山核桃林强度经营 5 年后，钙键有机碳、铁铝键有机碳质量分数显著下降，分别下降了 22.64%和 29.25%；随着经营历史延长，山核桃林土壤键合有机碳质量分数继续下降，集约经营 20 年后，土壤钙键有机碳、铁铝键有机碳质量分数分别下降了 31.91%、43.12%(表 4-3)，但不同经营历史阶段间的差异并不显著。而林地底层(10～30cm)土壤键合有机碳质量分数在不同经营历史阶段相对稳定，钙键有机碳、铁铝键结合有机碳质量分数分别介于 0.49～0.60g·kg⁻¹、7.14～8.85g·kg⁻¹。

(二) 不同经营年限对山核桃林土壤键合有机物碳氮比的影响

　　土壤键合有机物碳氮比是反映土壤肥力的一个指标，在一定程度上可以反映土壤有机质中碳、氮组成的变化及土壤有机质组分的差异。

　　从图 4-7、图 4-8 可知，林地 0～10cm 土壤钙键结合有机物碳氮比随着经营历史的延长略有上升，介于 2.9～3.5，而铁铝键结合有机物碳氮比则略有下降，介于 6.7～8.0。10～30cm 土壤钙键、铁铝键结合有机物碳氮比在不同处理间的变化规律不甚明显，分别介于 3.1～3.5、5.5～7.0。

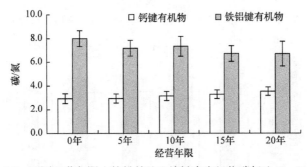

图 4-7　不同经营年限山核桃林地土壤键合有机物碳氮比(0～10cm)

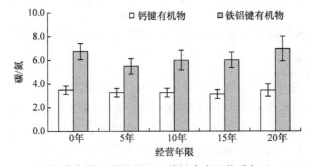

图 4-8　不同经营年限山核桃林地土壤键合有机物碳氮比(10～30cm)

(三) 不同经营年限对山核桃林土壤惰性有机碳的影响

　　从图 4-9 中可知，0～10cm 剖面中，随着经营年限的延长，林地土壤惰性有机碳质量分数下降，特别是经营前 5 年，惰性有机碳质量分数下降了 25.67%，差异达显著性水平，经营到 20 年后，共降低了 40.02%。而 10～30cm 土层中，不同经营年限惰性有机碳质量分数保持相对稳定，介于 8.02～9.87g·kg^{-1}。随土层加深，惰性有机碳质量分数有降低的趋势。不同经营年限林地土壤惰性有机碳占土壤总有机碳的比例均随土层的加深而增加，但差异性并不显著(图 4-10)。随着经营年限的延长，林地土壤惰性有机碳占土壤总有机碳的比例均有所下降，0～10cm 土壤从 69.32%下降到 62.63%，10～30cm 土层则从 72.79%下降为 67.19%。

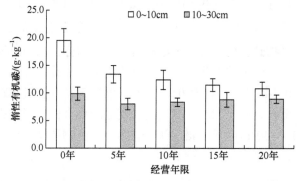

图 4-9　不同经营年限山核桃林地土壤惰性有机碳质量分数

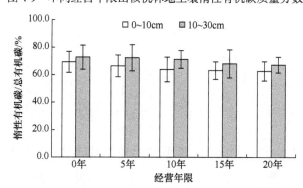

图 4-10　不同经营年限山核桃林地土壤惰性有机碳占总有机碳的比例

三、小结与讨论

　　随着经营历史的延长，山核桃林 0～10cm 土壤腐殖质组成的含碳量下降，与 0 年相比，集约经营 20 年后，土壤胡敏酸碳、富里酸碳和胡敏素碳质量分数分别下降了 45.29%、30.17%和 43.57%；土壤胡敏酸碳、胡敏素碳占总有机碳的比例下降，而富里酸碳占总有机碳的比例则升高，土壤 HA/FA 略有下降。山核桃林人工经营造成了较大的土壤侵蚀，由于随径流移出的土粒(黏粒)有机碳质量分数比本土高得多，其 HA/FA 比值及胡敏酸的比例也较高，侵蚀造成土壤有机碳质量分数降低的同时，也降低了胡敏酸的比例和 HA/FA 比值(表 4-2)。由此可见，由于径流直接移去富含有机碳和胡敏酸的土粒，不仅腐殖物质的总量明显减少，而且残留结构简单的组分，不利于土壤结构的形成。这与李忠佩等的研究结果相似，即随着侵蚀强度的增加，土壤总有机碳、胡敏酸碳和 HA/FA 明显下降。总之，一方面，山核桃林经营过程中，林下灌木层和草本层缺失，凋落物量减少，影响了土壤有机碳的输入；另一方面，人工施肥、除草及果实采摘等活动对土壤环境产生了干扰，影响土壤有机碳的输出。随着经营年限的增长，林地土壤腐殖质组成的碳质量分数逐渐下降，可认为是人为经营对土壤的扰动破坏了腐殖酸依附的土壤物理结构、土壤团聚体和合成腐殖酸的土壤微生物等，使得腐殖酸碳分解为二氧化碳，从土壤中释放出来，同时表层土壤的流失也是腐殖质组成下降的原因之一。

山核桃林土壤有机碳化学结合方式上均以铁铝键结合为主，占总有机碳比例为 52.1%～65.3%，林地表层土壤键合有机碳、惰性有机碳质量分数随着经营历史的延长而下降，与 0 年相比，集约经营 20 年后，土壤钙键有机碳、铁铝键有机碳、惰性有机碳质量分数分别下降了 31.91%、43.12%、40.02%。对土壤中的钙、铁、铝等质量分数进行了分析，结果如表 4-3 所示。3 种元素在不同经营过程中的质量分数变化与键合有机碳的变化规律相似，经相关分析表明，钙键有机碳与土壤全钙，以及铁铝键结合有机碳与土壤全铁、全铝之间的相关性达显著和极显著水平(图 4-11)。不同经营历史林地土壤钙键结合有机物中碳氮比均高于铁铝键结合

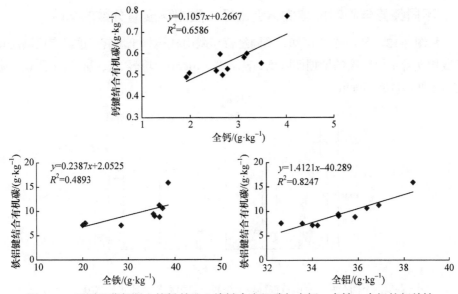

图 4-11　不同经营年限山核桃林地土壤键合有机碳与全钙、全铁、全铝的相关性

有机物。本研究中键合有机物既包括了腐殖质，又包含胡敏素。

第三节　山核桃林土壤有机碳物理分组的变化

土壤有机碳能被生物接触是分解的前提，因此，有机碳与不同粒径土粒的结合程度及在土壤团聚体内、外的分布都会影响其分解动态，这是物理分组的基础。可依据碳密度、粒径大小和空间分布进行物理分组。土壤在尽量保持原状条件下，通过不同手段，如崩解(干、湿筛，振荡)、分散(水中超声处理)、密度离心和沉降等，可分离出有机碳的轻、重组。

轻组有机碳(light fraction organic carbon，LFOC)是介于动植物残体和腐殖化有机质之间的有机碳库，是土壤不稳定有机碳库的重要组成。重组有机碳(high fraction organic carbon，HFOC)的主要成分是矿质颗粒，主要是存在于有机-无机复合体中的有机质态碳。由于受土壤矿物不同程度的物理和化学保护，对土壤管理和作物系统变化的反应比 LFOC 慢，一定程度上反映了土壤保持有机碳的能力。

近年来，物理分组已被作为重要的方法用于研究土壤有机质组分，并提出了颗粒态有机质的概念，这为深入研究土壤有机质的稳定性提供了可能。颗粒态有机碳(particulate organic carbon，POC)是指粒径大于 $53\mu m$ 的土壤有机碳，主要是由与砂粒相结合的植物残体半分解产物所组成的，属于土壤非保护性有机碳。

山核桃林土壤轻、重组有机碳及颗粒有机碳对不同经营年限的响应如何呢？本节将重点讨论林地土壤物理分组中有机碳的变化。

一、不同经营年限对山核桃林土壤轻、重组碳质量分数的影响

从图 4-12、图 4-13 中可知，不同经营年限山核桃林土壤轻、重组有机碳质量分数均随着土层深度的增加而降低，表层(0～10cm)土壤轻、重组有机碳质量分数均高于底层(10～30cm)。

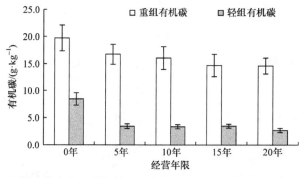

图 4-12　不同经营年限山核桃林地土壤轻、重组有机碳质量分数(0～10cm)

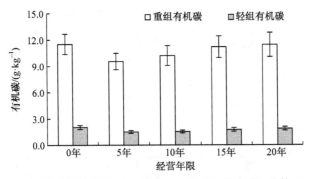

图 4-13 不同经营年限山核桃林地土壤轻、重组有机碳质量分数(10～30cm)

　　山核桃林表层(0～10cm)土壤轻、重组有机碳质量分数随着经营年限的延长而下降，与天然混交林(0 年)相比，经过 5 年的强度经营，轻组有机碳质量分数降低了 59.30%，差异性达到显著水平，而重组有机碳只下降了 15.10%，差异性未达到显著水平；集约经营 20 年后，土壤轻、重组有机碳质量分数分别下降了 68.24% 和 25.96%，不同经营年限之间的差异并不显著。而山核桃林底层(10～30cm)土壤轻、重组有机碳量在不同经营年限之间的差异不明显，分别介于 1.63～ 2.04g · kg^{-1}、9.55～11.52g · kg^{-1}。

　　土壤轻、重组有机碳占总有机碳的比例而言(图 4-14、图 4-15)，林地表层(0～ 10cm)土壤轻组有机碳占总有机碳的比例随着经营历史的延长而下降，经营 5 年后，LFOC/TOC 从29.98%下降为17.03%，差异达显著水平，但在后期的经营中，LFOC/TOC 保持相对稳定，其值在 15.52%～19.05%。而重组有机碳的表现规律则与轻组刚好相反，经营 5 年后，HFOC/TOC 从70.02%上升到82.97%，差异达显著水平，在后期的经营中，HFOC/TOC 保持相对稳定，其值在 80.95%～85.48%。不同经营年限林地底层(10～30cm)土壤轻重组有机碳质量分数占总有机碳的比例则保持相对稳定，变化不明显，LFOC/TOC 保持在 13.15%～15.07%，HFOC/TOC 在 84.93%～86.85%。

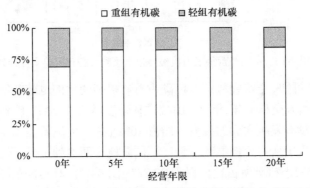

图 4-14 不同经营年限山核桃林地土壤轻、重组有机碳占总有机碳的比例(0～10cm)

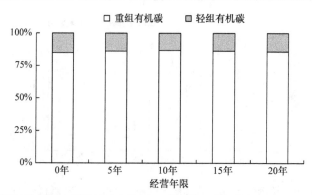

图 4-15　不同经营年限山核桃林地土壤轻、重组有机碳占总有机碳的比例(10～30cm)

二、不同经营年限对山核桃林土壤颗粒态有机碳的影响

从图 4-16 可知,土壤颗粒态有机碳的剖面分布基本上与有机碳总量相似,即随着土层深度的增加而下降,表层(0～10cm)土壤颗粒态有机碳质量分数均高于底层(10～30cm)。林地表层(0～10cm)土壤颗粒态有机碳质量分数随着经营年限的延长而下降,不同经营年限之间的差异显著($P<0.05$)。与天然混交林(0 年)相比,山核桃林强度经营 5 年后,颗粒态有机碳质量分数下降了 29.62%;集约经营 20 年后,颗粒态有机碳质量分数为 3.85g · kg^{-1},只有 0 年林地土壤的 32.42%。林地底层(10～30cm)土壤颗粒态有机碳质量分数在不同经营历史阶段相对稳定,介于 2.17～2.56g · kg^{-1}。

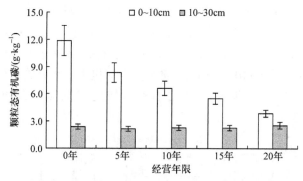

图 4-16　不同经营年限山核桃林地土壤颗粒态有机碳质量分数

从图 4-17 可知,土壤颗粒态有机碳占总有机碳的比例也随着经营年限的延长而下降,与天然混交林(0 年)相比,山核桃林强度经营 5 年后,颗粒态有机碳占总有机碳的比例没有发生太大的改变,约占 40%左右。但随着经营年限的进一步延长,颗粒态有机碳所占比例继续下降,不同阶段之间达到了显著性差异,集约经营 20 年后,颗粒态机碳所占比例仅为 22.28%(图 4-17)。林地底层(10～30cm)土壤颗粒态有机碳占总有机碳的比例则保持相对稳定,介于 17.57%～19.59%。

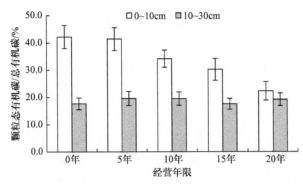

图 4-17 不同经营年限山核桃林地土壤颗粒态有机碳占总有机碳比例

三、小结与讨论

随着经营年限的增加，山核桃林土壤表层(0～10cm)轻、重组有机碳质量分数均下降，但降低的幅度并不相同，集约经营 20 年后，土壤轻、重组有机碳质量分数分别下降了 68.24%和 25.96%，说明随着经营年限的增加，有机凋落物输入量减少，导致归还林地土壤的动植物残体和腐殖化物质减少，同时伴随着干扰活动的加剧，林地土壤活性有机碳逐渐被分解矿化，表层土壤轻组有机碳质量分数明显降低，而重组有机碳质量分数则相对提高。土壤 LFOC/TOC 比值均随着土层的加深而降低，而 HFOC/TOC 比值则随着土层的加深而升高，这与相关人员的研究结果相似，即随着土层加深，林地土壤重组有机碳质量分数增大。

随着经营年限的延长，山核桃林土壤表层颗粒态有机碳质量分数及占总有机碳的比例均下降，集约经营 20 年后，颗粒态有机碳质量分数下降了 67.58%，颗粒态有机碳所占比例仅为 22.28%。颗粒态有机碳是进入土壤中动、植物半分解的产物，具较高的生物活性，是土壤中不稳定的有机碳库。土壤中颗粒态有机碳越多、所占比例越高，土壤碳库越不稳定。山核桃林经营过程中，土壤碳库的稳定性逐渐增强。

第四节 山核桃林土壤水溶性有机碳氮的季节动态

土壤水溶性有机碳(WSOC)是陆地生态系统中极为活跃的有机碳组分，是土壤圈层与相关圈层(如生物圈、大气圈、水圈和岩石圈等)发生物质交换的重要形式。由于它的活泼性及在陆地生态过程中的作用，土壤 WSOC 成为陆地生态系统中碳迁移研究的热点，与二氧化碳研究一样，水溶性有机碳已经渗透于全球碳循环研究的各个领域。水溶性有机氮(WSON)是土壤中主要的活性氮组分之一，在陆地生态系统氮的生物地球化学循环中起着至关重要的作用。WSON 可以被植物和微生物直接吸收，从而对提高土壤生物学活性、改善土壤肥力具有重要意义。

本节重点研究了不同经营年限山核桃林土壤水溶性有机碳氮动态变化，为林地土壤管理提供基础。

一、山核桃林土壤水溶性有机碳的季节变化

山核桃林土壤水溶性有机碳的季节变化如图 4-18 所示，从图中可以看出，山核桃林土壤水溶性有机碳质量分数在一年中的变化规律表现为在 4 月、7 月较高，而 1 月、10 月较低。不同经营年限山核桃林土壤水溶性有机碳在剖面上的分布一致，即 0～10cm 土层水溶性有机碳质量分数明显高于 10～30cm 土层，0～10cm 土层水溶性有机碳质量分数在不同月份之间的变异幅度明显高于 10～30cm 土层。

山核桃林土壤水溶性有机碳质量分数在不同经营年限之间存在一定的差异，天然阔叶林(0 年)土壤水溶性有机碳质量分数明显高于其他经营年限的山核桃纯林，但 5 年、10 年、15 年、20 年间的差异并不显著。

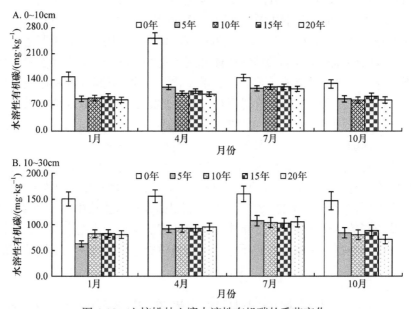

图 4-18 山核桃林土壤水溶性有机碳的季节变化

二、山核桃林土壤水溶性有机氮的季节变化

山核桃林土壤水溶性有机氮的季节变化如图 4-19 所示，从图中可知，山核桃林土壤水溶性有机氮质量分数在一年中的变化规律表现为：经营年限为 0 年的山核桃混交林土壤水溶性有机氮质量分数以 1 月、10 月较高，而其他经营年限则以 7 月、10 月为高。不同经营年限山核桃林土壤水溶性有机氮在剖面上的分布表现为：经营年限为 0 年的山核桃混交林 0～10cm 土层水溶性有机氮质量分数明显高于 10～30cm 土层，而其他经营年限山核桃纯林在 2 个土层之间的差异并不显著。

林地土壤水溶性有机氮质量分数在不同经营年限之间的差异并也不明显，在不同月份之间的表现并不一致。

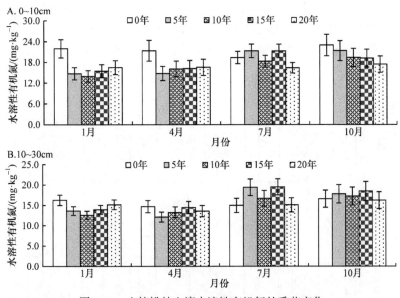

图 4-19 山核桃林土壤水溶性有机氮的季节变化

三、山核桃林土壤水溶性有机碳氮占总碳氮比例的季节变化

(一) 土壤水溶性有机碳占总有机碳比例的季节变化

土壤水溶性有机碳占总有机碳的比值(WSOC/TOC)变化如图 4-20 所示。土壤水溶性有机碳占总有机碳的比例随着土壤剖面的加深而增大。山核桃林土壤 WSOC/TOC 在一年中以 4 月、7 月相对较高，不同经营年限土壤 WSOC/TOC 在 0～10cm 土层变化规律性不明显，而在 10～30cm 土层以 0 年的天然混交林为最高。

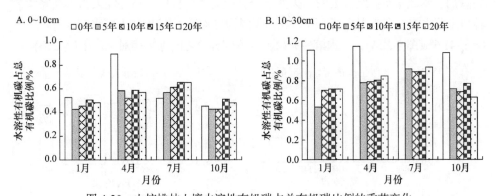

图 4-20 山核桃林土壤水溶性有机碳占总有机碳比例的季节变化

(二) 土壤水溶性有机氮占总氮比例的季节变化

土壤水溶性有机氮占总氮比例(WSON/TN)的变化如图 4-21 所示。土壤 WSON/TN 的比例也是随着土壤剖面的加深而增大。山核桃林土壤 WSON/TN 在一年中以 10 月相对较高，不同经营年限土壤 WSON/TN 存在着一定的差异，经营年限为 10 年的山核桃林土壤 WSON/TN 为最高，而其他经营年限的差异并不大。

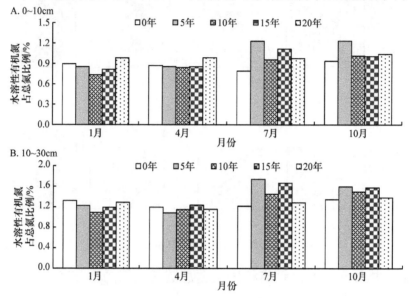

图 4-21　山核桃林土壤水溶性有机氮占总氮比例的季节变化

四、小结与讨论

土壤水溶性有机碳氮质量分数的多少与土壤有机碳的输入量呈正相关，由于不同土地利用方式或不同森林植被类型下土壤承接凋落物、植物根系分泌物的质量和数量的不同，因此所形成的有机碳氮库，尤其是活性有机碳氮质量分数会存在明显的差别。本试验研究结果表明，天然混交林改变为山核桃纯林并经人为不断经营，林地土壤水溶性有机碳显著下降，经营年限为 5 年的山核桃林土壤水溶性有机碳下降了 41.6%(图 4-22A)，但水溶性有机氮在不同林分之间保持相对稳定(图 4-22B)。

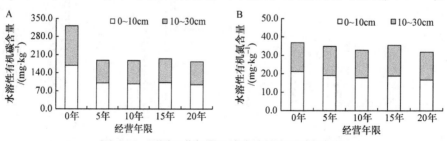

图 4-22　不同经营年限土壤水溶性有机碳氮含量

土壤水溶性有机碳氮质量分数均表现为0～10cm高于10～30cm土层，这是因为森林植被的枯枝落叶层通过分解、淋失等过程向矿质土壤层提供了大量有机碳氮，植被的根系相对较多地分布于林分的表层土壤，并能吸收部分植物凋落物的分解产物，成为土壤水溶性有机碳氮的重要来源，而底层土壤有机碳的补充相对来说不够充分，因此，随着土壤深度的增加，总有机碳氮质量分数降低，水溶性有机碳氮的质量分数也下降，变化趋势处于一个相定稳定状态。

不同经营年限山核桃林土壤水溶性有机碳占总有机碳的比例(WSOC/TOC)在0～10cm土层保持相对稳定，介于0.50%～0.60%之间，而10～30cm土层WSOC/TOC则随着经营年限的延长先下降而后略有上升(图4-23)。

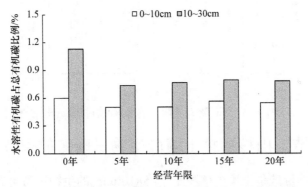

图4-23　不同经营年限土壤水溶性有机碳占总有机碳比例

而土壤水溶性有机氮占总氮的比例(WSON/TN)在不同经营年限之间的变化规律性不明显,不同经营年限山核桃林土壤0～10cm土层WSON/TN介于0.84%～1.04%,而10～30cm土层WSON/TN则介于1.27%～4.42%(图4-24)。

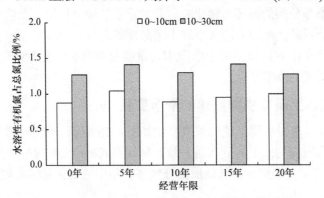

图4-24　不同经营年限土壤水溶性有机氮占总氮比例

不同经营年限山核桃林土壤水溶性有机碳氮比(WSOC/WSON)的年均值如图4-25所示。从图中可以看出，从天然混交林(0年)转变为山核桃纯林5年后，土壤 WSOC/WSON 比值显著下降，0～10cm 和 10～30cm 土壤分别从 7.9、9.8 下降为 5.6～6.1，而后期的经营土壤 WSOC/WSON 基本保持稳定。这与有机碳的下降趋势也是一致的，主要是天然林改变为山核桃纯林后，灌木层和草本层缺失，有机质输入明显减少，同时有机质分解速度加快；另外，表层土壤流失严重，造成林地土壤有机碳大量流失，从而导致土壤水溶性有机碳氮比下降。

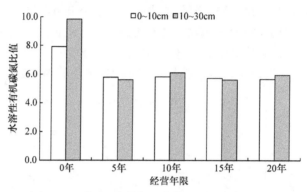

图 4-25　不同经营年限土壤水溶性有机碳氮比值

第五节　山核桃林土壤微生物量碳氮的季节动态

土壤微生物量碳是土壤中体积小于 $5×10^3\mu m^3$ 的生物体所含有的碳(包括细菌、真菌等)，是土壤有机质中最活跃和最易变化的部分，是活的土壤有机质部分，这部分碳占土壤总碳的 0.3%～9.9%。土壤微生物量氮是土壤氮素的一个重要储存库，占土壤全氮的 2%～6%。土壤微生物量碳氮的质量分数具有极大的灵敏性，可以反映土壤同化和矿化的能力大小，同时它们也参与土壤有机碳和土壤全氮的分解，对土壤养分间的循环与转化起着非常重要的调节作用。土壤微生物量碳氮的微小变化会反映土壤肥力的大小和土壤品质的高低。

不同经营年限对山核桃林土壤微生物量碳氮有何影响呢?本节将重点阐述土壤微生物量碳氮的季节变化。

一、山核桃林土壤微生物量碳的季节变化

山核桃林土壤微生物量碳的季节变化如图 4-26 所示。不同经营年限山核桃林土壤微生物量碳在剖面上的分布是一致，即 0～10cm 土层微生物量碳明显高于 10～30cm 土层。土壤微生物量碳质量分数在一年中的变化总体表现为 4 月、7 月较高，而 1 月、10 月较低。

山核桃林土壤微生物量碳质量分数在不同经营年限之间存在一定的差异，天然阔叶林(0 年)土壤微生物量碳质量分数明显高于山核桃林，经营年限为 10 年的山核桃林土壤微生物量碳为最低，而经营 5 年、15 年、20 年的则介于 0 年和 10 年之间。

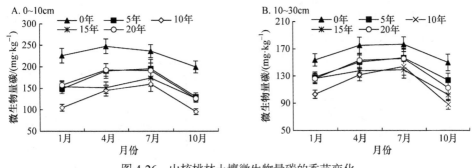

图4-26　山核桃林土壤微生物量碳的季节变化

二、山核桃林土壤微生物量氮的季节变化

山核桃林土壤微生物量氮的季节变化如图4-27所示。不同经营年限山核桃林土壤微生物量氮在剖面上的分布也是一致的，即0～10cm土层微生物量氮高于10～30cm土层。土壤微生物量氮质量分数在一年中以4月较高，而其他月份则较低。

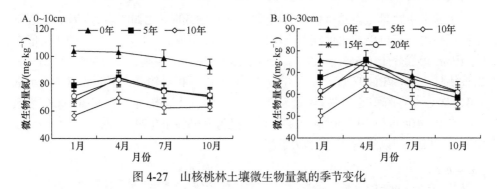

图4-27　山核桃林土壤微生物量氮的季节变化

不同经营年限山核桃林土壤微生物量氮质量分数存在着一定的差异，天然混交林0～10cm土层微生物量氮质量分数高于山核桃纯林，经营年限为10年的土壤微生物量碳为最低，而经营5年、15年、20年的则介于0年和10年之间。10～30cm土层微生物量氮质量分数仍以经营10年的山核桃林土壤为最低，而经营0年、5年、15年、20年山核桃林土壤在一年中的变化有所交叉。山核桃林的人工经营减少了土壤剖面中微生物量氮的分布差异。

三、山核桃林土壤微生物量碳氮比的季节变化

土壤微生物量碳氮比的变化如图4-28所示。从图中可知，土壤微生物量碳氮比总体表现相对稳定，不同土层之间的差异也较小，7月土壤微生物量碳氮比为最大。随着经营年限的延长，山核桃林土壤微生物量碳氮比呈现先降后升的趋势，经营年限为0年、5年、10年、15年、20年山核桃林土壤微生物量碳氮比年均值，

0~10cm 土层分别为 2.28、2.14、2.00、2.05、2.22，而 10~30cm 土层则分别为 2.36、2.11、2.07、1.92、2.11。

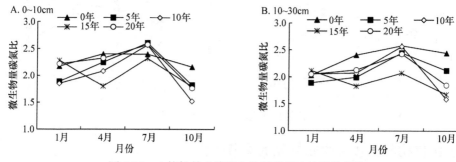

图 4-28 山核桃林土壤微生物量碳氮比的季节变化

四、山核桃林土壤微生物量碳氮占总碳氮比例的季节变化

(一) 土壤微生物量碳占总有机碳的比值

土壤微生物量碳占总有机碳的比值(MBC/TOC)的变化如图 4-29 所示。土壤微生物量碳占总有机碳的比值随着土壤剖面的加深而增大，MBC/TOC 的年均值在 0~10cm 土层介于 0.65%~0.97%，而在 10~30cm 土层则介于 0.99%~1.21%。山核桃林土壤 WBC/TOC 在一年中以 7 月、10 月相对较高，不同经营年限土壤 MBC/TOC 存在着一定的差异，经营年限为 10 年的山核桃林土壤 MBC/TOC 为最低，在 0~10cm 和 10~30cm 土层年均值仅为 0.65%和 0.99%，而 0~10cm 土层中 MBC/TOC 值以经营 20 年的为最高。

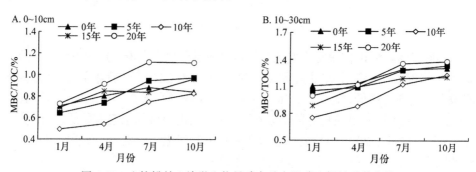

图 4-29 山核桃林土壤微生物量碳占总有机碳比例的季节变化

(二) 土壤微生物量氮占总氮的比值

土壤微生物量氮占总氮比值(MBN/TN)的变化如图 4-30 所示。土壤微生物量氮占总氮的比例也是随着土壤剖面的加深而增大，MBN/TN 的年均值在 0~10cm 土层介于 3.29%~4.47%，而 10~30cm 土层则介于 4.89%~5.96%。山核桃林土壤 MBN/TN 在一年中以 7 月相对较高，不同经营年限土壤 MBN/TN 存在着一定

的差异，经营年限为 10 年的山核桃林土壤 MBN/TN 为最低，而其他经营年限的差异并不大。

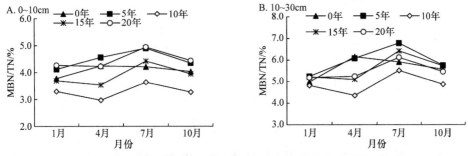

图 4-30　山核桃林土壤微生物量氮占总氮比例的季节变化

五、小结与讨论

土壤微生物量碳能够比较灵敏地反映土壤有机碳，土壤微生物量氮是土壤氮素矿化的重要组成部分。近年来越来越多的研究用土壤微生物量碳氮比来评价土壤质量的好坏。天然森林和草原被开垦种植作物后，由于土壤有机质迅速减少，微生物量碳和微生物量氮随之锐减。随着经营年限的延长，山核桃林土壤微生物量碳表现为先下降后上升的趋势，即 0~10 年迅速下降，与 0 年相比，经营 10 年后，0~10cm、10~30cm 土壤微生物量碳平均下降了 44.5%、28.7%，随着经营时间的继续延长，微生物量碳又有所增加(图 4-31)。

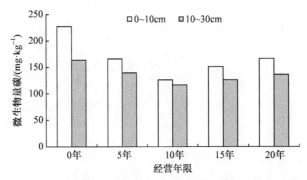

图 4-31　不同经营年限山核桃林土壤微生物量碳的年均值

土壤微生物量氮的变化规律与微生物量碳相似(图 4-32)，即 0~10 年迅速下降，与 0 年相比，经营 10 年后，0~10cm、10~30cm 土壤微生物量氮平均下降了 36.8%、19.0%，随着经营时间的继续延长，微生物量氮又有所增加。这种变化规律主要是由于土壤中的微生物引起的，经营初期，林下草本、灌木被除尽，微生物种类减少，从而引起微生物量碳、氮的降低，随着经营年限的延长，微生物种类虽然较少，但形成了优势种群，微生物量碳、氮的质量分数也随之增加。

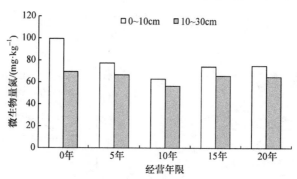

图 4-32　不同经营年限山核桃林土壤微生物量氮的年均值

　　在本研究中，不同经营年限山核桃林土壤微生物量碳、氮质量分数均表现为表层大于底层土壤。这是因为表层土壤通气状况和水热条件较好，同时细根和凋落物的快速周转，均有利于微生物的快速生长和繁殖，进而对土壤中养分的生物有效性产生积极的影响，土壤微生物量碳氮比较大。而随着土壤深度的加深，微生物生境条件变差，影响微生物的分布，其土壤微生物量明显低于表层土壤。

第五章 混交林转变为山核桃林后土壤肥力的变化

第一节 土壤理化性质的变化

在天然林中，山核桃往往与阔叶树、马尾松等一起组成混交林，形成一个比较稳定的森林群落。现有山核桃纯林中，有一部分是林农通过砍伐其他树种，保留山核桃，采取喷施草甘膦、施肥、翻耕等措施，经过几年的抚育，使混交林转变为山核桃纯林，即通过人工促进天然更新的造林方式，扩大山核桃面积。本节重点阐述山核桃人工促进天然更新后林地土壤性质的变化，为山核桃更新造林及抚育管理提供依据。

一、土壤有机质的变化

土壤有机质是反映土壤质量的一个主要属性，其含量是评价土壤肥力和质量的一项重要指标。更新造林 10 年后，山核桃林土壤有机质含量从 46.59g·kg⁻¹ 下降到 28.54g·kg⁻¹，下降了 38.74%(表 5-1)。这主要是由于阔叶幼林在改造成山核桃林的过程中，人为垦复、枯落物投入量减少，入不敷出，另外由于除草剂的使用，水土流失加剧，从而导致表层土壤有机质含量下降。

表 5-1　更新造林后土壤性质的变化

林分	有机质 /(g·kg⁻¹)	水解氮 /(g·kg⁻¹)	有效磷 /(g·kg⁻¹)	速效钾 /(g·kg⁻¹)	砂粒 /%	粉粒 /%	黏粒 /%
阔叶树	46.59	234.99	0.71	47.10	23.79	51.07	25.14
山核桃	28.54	130.60	0.65	66.50	29.38	48.10	22.52

二、土壤氮、磷、钾的变化

氮、磷、钾是植物的必需营养元素，是土壤肥力的重要物质基础。许多研究表明，耕作可以引起土壤中营养元素水平的降低。从表 5-1 可知，更新造林后山核桃林土壤水解氮和有效磷含量均下降，分别下降了 44.42%和 8.45%；而土壤速效钾含量略有升高，升高了 29.17%。这也进一步表明，人为活动也可以造成土壤养分的流失，土地利用与覆被的变化影响着土壤元素的迁移转化过程。因此，有必要进一步增强对土地的合理人为干扰，如耕作中加强水土保持措施，加大有机肥的施入量，减少除草剂的使用。

三、土壤颗粒组成的变化

土壤颗粒组成是土壤物理性质的重要指标。土地利用对表层土壤物理性质影响明显。从表 5-1 中可知，更新造林后，林地土壤>0.02mm 的砂粒含量从 23.79%提高到 29.38%，提高了 23.50%，而<0.02mm 颗粒(粉粒+黏粒)含量则从 76.21%下降为 70.62%，这与有机质含量的减少也是相吻合的。人工经营后，由于表层土壤的流失，土壤中<0.02mm 颗粒含量容易产生迁移，所以更新造林后其含量下降，而>0.02mm 的砂粒含量则升高，这与山核桃林土壤的沙化也是相符的。

第二节　不同经营年限山核桃林土壤微生物功能多样性的变化

土壤微生物作为土壤物质循环和生化过程的主要参与者及调节者，是陆地生态系统中最活跃的组分之一，它在植物凋落物的归还、养分循环、土壤理化性质的改善中起着十分重要的作用，能敏感地反映土壤生态系统发生的微小变化。

山核桃林土壤微生物对不同经营年限的响应如何呢？本节将重点讨论林地土壤微生物功能多样性的变化。

一、山核桃林土壤微生物对碳源利用多样性的主成分分析

Biolog 盘中每孔的平均颜色变化率(AWCD)是反映土壤微生物群落功能多样性的一个重要指标。由图 5-1 可知，随着培养时间的延长，不同年龄山核桃处理的AWCD 值呈抛物线模式，土壤微生物活性随时间的延长而提高。在 24h 内不同处理土壤的 AWCD 无明显变化，而后快速上升，直至 144h 达较高值后，变化趋于平缓，168h 时，AWCD 值基本稳定，整个培养过程中，不同经营历史山核桃林土壤 AWCD的变化均表现为 0 年>5 年>15 年≈20 年>10 年，192h 的 AWCD 平均值分别为 1.358、1.299、1.132、1.088、0.983，经多重比较，经营历史 0 年与 5 年土壤的 AWCD 值差异不显著，而与 10 年、15 年、20 年土壤的 AWCD 值达显著性差异($P<0.05$)。

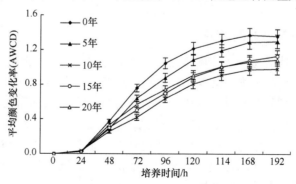

图 5-1　山核桃林地土壤微生物 AWCD 随培养时间的变化

利用培养 192h 后的 AWCD 值，对不同经营历史山核桃林土壤微生物利用单一碳源特性进行主成分分析(PCA)。由图 5-2 可知，在 PC1 轴上，经营历史为 0 年、5 年生的 AWCD 值主要分布在正方向，主成分值分别为 2~5、0~2；10 年、15 年、20 年生的 AWCD 值主要分布在负方向，主成分值分别为–1~–2、–2~–4、–3~–6。在 PC2 轴上，0 年和 20 年生的 AWCD 值分布在正方向，主成分值分别为 0~3、1~4；5 年、10 年、15 年生的 AWCD 值分布在负方向上，5 年和 10 年、15 年在 PC2 轴上的主成分值分别为 0~–2，0~–4，0~–3。从以上分析可知，不同经营历史山核桃林土壤微生物对碳源利用率差异较大，山核桃林的集约经营改变了土壤微生物利用碳源的模式。

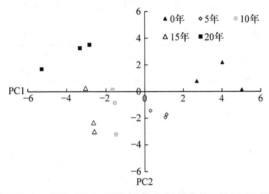

图 5-2　山核桃林地土壤微生物碳源利用率的主成分分析

二、山核桃林土壤微生物多样性指数

不同经营年限山核桃林土壤微生物多样性指数存在一定的差别(表 5-2)。土壤微生物多样性 Shannon 指数和微生物均匀度指数(E)均随着经营历史的延长而降低，以经营历史 10 年为界线，以上两个表征林地土壤微生物多样性的指数均表现为 0 年、5 年与 15 年、20 年间的差异性达显著水平($P<0.05$)。

表 5-2　山核桃林土壤的微生物功能多样性指数(96h)

经营年限/年	Shannon 指数(H)	均匀度指数(E)
0	3.6071±0.0585a	0.9702±0.0041a
5	3.5897±0.0860a	0.9696±0.0082a
10	3.3396±0.0852ab	0.9670±0.0056ab
15	3.0295±0.0175bc	0.9436±0.0018bc
20	3.0214±0.0653bc	0.9421±0.0034bc

注：同列不同字母表示差异显著($P<0.05$)，数值为平均值±标准差(mean±SD)。

三、小结与讨论

天然混交林改造为山核桃纯林及后期的强度人为经营，降低了土壤微生物生态功能多样性。由表 5-3 可知，0 年、5 年与 10 年、15 年、20 年土壤的 AWCD 值达显著性差异($P<0.05$)。Shannon 指数和均匀度指数则表现为 0 年、5 年与 15 年、20 年间的差异性达显著水平。导致这种差异的原因主要是地上植物种类组成、植物残体、根的生物量、根系分泌物。天然林改造为山核桃纯林及人为的强度经营，改变了土壤微生物利用碳源的模式，经营历史为 0 年、5 年的山核桃林与 10 年以上林地之间存在着显著性差异。造成这种结果的差异主要是山核桃人工林特殊的经营方式引起的，如大量除草剂的施用、林下灌木杂草层的缺乏，使得林地凋落物归还量减少，从而引起土壤微生物对碳源利用的多样性的变化。

表 5-3　山核桃林土壤不同形态有机碳与微生物功能多样性的相关关系

	微生物量碳 (MBC)	水溶性有机碳 (WSOC)	平均颜色变化率 (AWCD)	均匀度指数 (E)	Shannon(H)
有机碳	0.665**	0.625**	0.552**	0.385*	0.418*
微生物量碳		0.785**	0.493*	0.362*	0.342*
水溶性有机碳			0.359*	0.421*	0.586**
平均颜色变化率				0.795**	0.923**
均匀度指数					0.884**

注：*表示在 0.05 水平上显著相关；**表示在 0.01 水平上显著相关。

土壤有机碳在一定程度上反映了微生物对土壤养分的代谢状况，有机碳转化所需能量的 90%以上来自微生物的分解，是表征土壤微生物功能多样性的指标之一。土壤有机碳同时也对土壤微生物生物学性质产生重要影响，天然混交林改造成为山核桃纯林后，凋落物的种类和数量减少，造成了林地土壤有机碳、水溶性有机碳、微生物量碳质量分数下降，从而不利于微生物的生长与繁殖，对土壤微生物功能多样性产生影响，降低了土壤微生物功能多样性。通过对土壤微生物的平均颜色变化率(AWCD)、均匀度指数(E)以及多样性 Shannon 指数(H)与本书第四章相关试验数据，即土壤总有机碳(TOC)、水溶性有机碳(WSOC)、微生物量碳(WBC)进行相关性分析后，发现山核桃林土壤 TOC、WSOC、WBC 与平均颜色变化率(AWCD)、均匀度指数(E)和多样性 Shannon 指数(H)等 6 个指标中两两之间的相关性均达到了极显著或显著水平(表 5-3)，由此可见土壤不同形态有机碳与微生物多样性之间具有极好的相关性。

第六章　生草栽培对山核桃林土壤质量的影响

第一节　生草栽培对土壤物理性质的影响

　　土壤是果园的生态系统基础，良好的土壤结构是果树优质高产高效的基础，不仅为树体的生长发育提供必需的营养和水分，还是多种生物的栖息场所，它们的活动同时影响到果树的生长。土壤管理方式的不同会对果园土壤物理、化学、生物性状产生影响，进而对土壤的生产力造成影响，并最终影响到果树的产量和质量。

　　土壤质地和土壤结构是土壤的两项基本物理性质，土壤物理性状对环境质量和果树生长有直接或间接的影响，继而影响土壤的孔隙性、持水性、通透性、抗蚀性，影响土壤中的水、肥、气、热及土壤酶的种类和活性，维持和稳定土壤疏松熟化层等，从而调控土壤水和养分的迁移及分布，以及果树根系生长。木本和草本植物混交能够更好地截留雨水。草本植物生长迅速，覆盖地表速度快，且根系密集，能够固结土壤，改善土壤结构，增强土壤的渗透性和蓄水能力。目前果园生草栽培作为保持水土、提高地力的主要技术已被广泛推广和接受。此外，有关生草与清耕的对比试验研究指出，生草可降低土壤容重，提高土壤毛管孔隙度和非毛管孔隙度，促进土壤团粒结构的形成，进而改善土壤结构。

一、生草栽培对土温和地表湿度的影响

(一) 生草栽培对土壤温度的影响

　　土壤温度是影响土壤理化特性、养分转移转化、微生物活性和植物根系生长发育的重要因素。除了受土壤热特性、气候条件等因素制约外，土壤地面性质的改变对土壤温度的时空变化影响较大。山核桃林种植生草后，地被群落对太阳辐射的吸收转化和土壤热量传导产生较大影响，因而对不同土层、不同观察时间的土温产生了不同影响。

　　2011 年 1 月、4 月、7 月、10 月不同生草栽培山核桃林土壤 0~20cm(每 5cm 一个土层)温度的变化见图 6-1~图 6-4。从图中可知，1 月不同处理的日均温在 12：00 左右达到峰值，白三叶和黑麦草处理表层温度最高达到 8℃，下午 14：00 开始增温。随着土层的加深，土壤温度日变化幅度较小。白三叶和杂草处理的土温明显高于紫云英、清耕处理，有良好的保温和增温作用，并且有效缓解并抑制了深层土温的上升。4 月，气温开始回升，5cm 土层温度趋于一致，且变化趋势平稳。10cm、15cm、20cm 土层清耕土温较低。7 月气温较高，清耕的温度明显高于其他处理的温度，并且变化幅度较大，在 10：00~14：00 土温骤增，生草区

的土温变化稳定。10 月，除了白三叶和杂草，其他杂草已自然干枯，由图 6-4 也可看出，10 月白三叶和杂草区土温较高且稳定，清耕区土温较低并且 10：00 土温骤升。综上所述，生草区起到夏季降温、冬季保温的作用，不同生草效果不同。

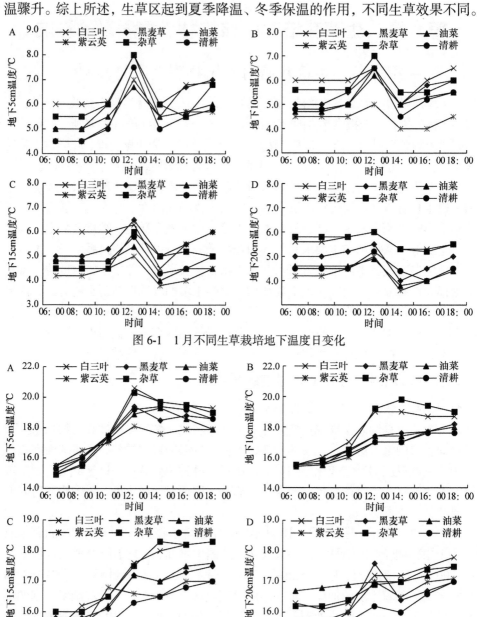

图 6-1　1 月不同生草栽培地下温度日变化

图 6-2　4 月不同生草栽培地下温度日变化

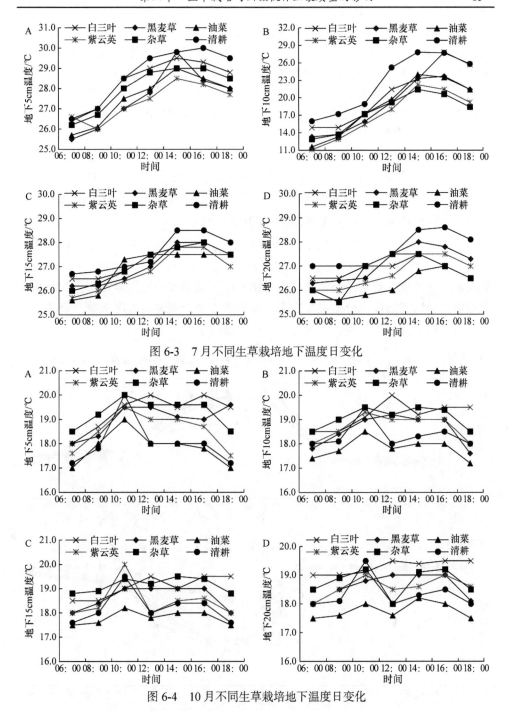

图 6-3　7 月不同生草栽培地下温度日变化

图 6-4　10 月不同生草栽培地下温度日变化

　　生草对不同土层温度的影响受测定前天气的影响较大，如降雨和持续干旱的时间等会导致土壤中的能量及热量传递方式不同，如果测定前一两天内有明显降雨，白天能量从外界进入土壤；如果测定前有持续干旱，土壤 20cm 土层出现能量双向吸收，一方面来自外界，另一方面来自更深层次的土壤传递的能量，而生草可能会抑制深层土壤能量向外界传出，导致 15～20cm 土层的温度早晨高于清耕对照。从全年的地温变化情况来看，生草对夏季地温的上升有抑制作用，清耕处理土壤热量传递速度明显大于生草土壤，土壤地表温度的上升必会加剧土壤水分的蒸发。从不层土温变化可以看出，在夏季，不同的生草方式对地表土温都有不同程度的降温作用，其中自然杂草对土壤在夏季降温较为明显，但 20cm 土层土温夏季变化趋势却与表层气温变化趋势不同，这可能是由于生草对土壤白天吸收的热量能够进一步向土壤更深土壤传输的缘故，这与以往的研究结论有所不同。

(二) 生草栽培对土壤地表温湿度的影响

如图 6-5～图 6-8 所示，生草区与清耕区四季的地表温度和湿度变化趋势基本一致，1～7 月地表相对湿度基本呈上升趋势，7～10 月呈下降趋势，7 月达到了最大值。这种变化趋势符合该地区春季稍干旱、夏季多雨的气候特点，这也表明自然降雨是空气湿度水分的主要来源。从不同季节土壤地表湿度来看，清耕区上午 7 点开始急剧下降，幅度较大，且上升速度较生草区慢。

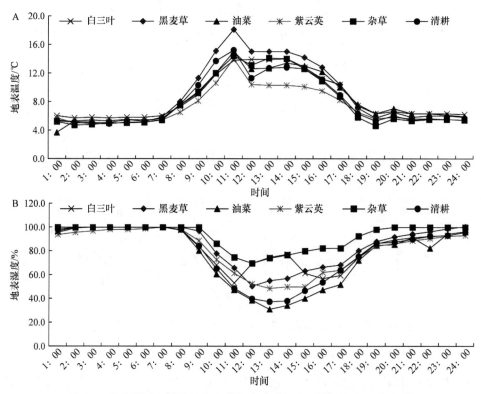

图 6-5　生草栽培山核桃林地土壤(0cm)温度(A)、湿度(B)日变化(1 月)

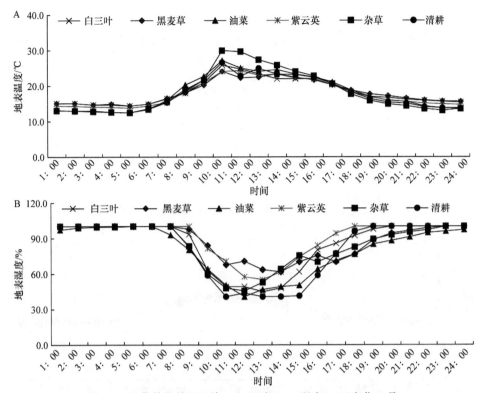

图6-6 生草栽培林地土壤(0cm)温度(A)、湿度(B)日变化(4月)

1月地表温度,清耕和紫云英处理较低,黑麦草处理效果较好;4月地表温度,各处理差别不明显,其中杂草中午温度达到最高值;7月、10月各处理地表温度趋于一致,差别很小。

由表 6-1 可见,在整个生长过程中,生草栽培影响湿度的能力逐渐增强,1月杂草地表湿度最高,较清耕提高了 3%。在 4 月、7 月、10 月,紫云英、白三叶、杂草分别较清耕提高了 11.4%、13.1%、12.4%。生草在不同的生长阶段对地

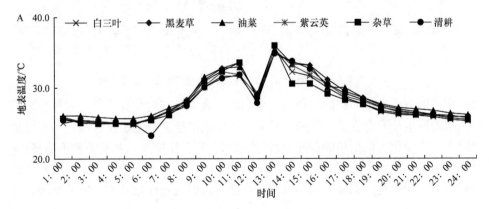

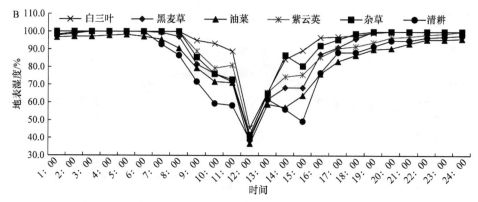

图 6-7　生草栽培林地土壤(0cm)温度(A)、湿度(B)日变化(7 月)

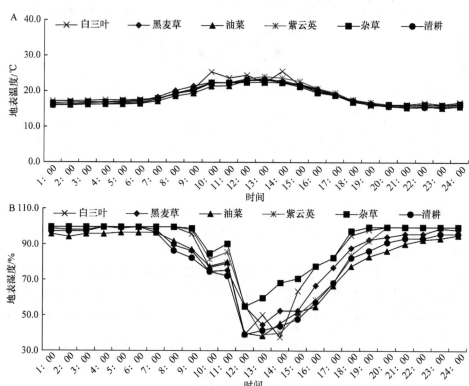

图 6-8　生草栽培林地土壤(0cm)温度(A)、湿度(B)日变化(10 月)

表湿度的调节能力也不相同，说明生草的增湿效应具有时间异质性，这可能与不同生草阶段生长发育有关，不同生长阶段所形成的地被群落盖度、高度、蒸散量也随之发生变化。根据田间观测，12 月果园生草开始萌发，初期改善不明显；4月和 7 月生草达到了生长旺季，其群落覆盖度、植株高度迅速增加，蒸腾量大，温湿效应表现得更为明显，或是牧草和自然降雨的交互作用共同影响的结果；10

月时除了白三叶和自然杂草之外，其他生草自然干枯，白三叶和杂草的增湿效果最为明显。

表6-1　生草栽培对地表湿度的影响　　　　(单位：%)

	1月	4月	7月	10月
白三叶	84.21	83.50	93.88	88.43
黑麦草	85.33	86.44	89.07	85.73
油菜	77.09	78.78	84.01	82.03
紫云英	80.67	89.24	89.87	86.80
杂草	92.21	83.61	91.49	92.62
清耕	89.55	80.10	82.98	82.40

不同的处理影响结果也不尽相同，这与不同生草的生物量及生长特性有关，油菜在四季对湿度的影响不明显但是稳定，可能是因为油菜为杆状植物，地面通风好，受太阳辐射多；杂草和白三叶对地表湿度的影响特别在夏季强于其他草种，与清耕相比分别提高了14.6%、15.2%，但在整个生长季节过程中，黑麦草、紫云英、油菜相对其他处理保持湿度相对稳定性较好，这说明在山核桃林下推广种植白三叶等生草对提高地表温湿度效果较为显著。

二、生草栽培对山核桃林土壤含水量的影响

土壤水分的相对稳定对于稳定树势、增加产量和提高果实品质有较大影响。实验结果(图6-9、表6-1、表6-2)表明生草栽培区土壤含水量与对照相比有所提高，0~20cm土壤水分增加幅度较大，特别是7月，白三叶、黑麦草、油菜、紫云英和杂草分别比对照增加了5.83%、10.68%、13.23%、16.55%、12.09%，其中紫云英影响明显，生草生长旺盛、快速郁闭地表，地面蒸腾作用减少。1月生草较对照分别提高1.46%、12.48%、18.92%、12.64%、12.28%。4月生草区较清耕含水

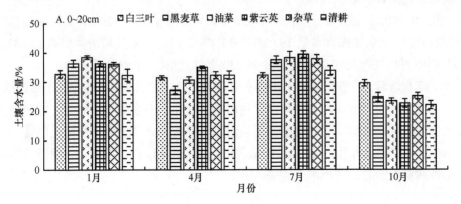

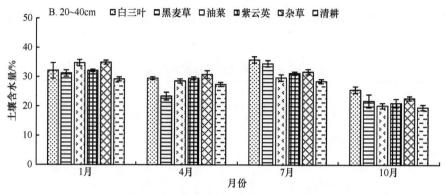

图 6-9　生草栽培对土壤含水量的影响

表 6-2　生草栽培对土壤含水量的影响　　　　　　　（单位：%）

土层	月份	白三叶	黑麦草	油菜	紫云英	杂草	清耕
0～20cm	1 月	32.81a	36.37b	38.45c	36.42b	36.31b	32.34a
	4 月	31.45c	27.33a	30.67b	35.10e	32.34d	32.47d
	7 月	35.84b	37.49c	38.35c	39.47d	37.96c	33.87a
	10 月	29.54d	24.84c	23.45b	22.77a	25.18c	22.08a
20～40cm	1 月	31.99a	31.16a	34.85c	32.05a	34.93c	29.26a
	4 月	29.48d	23.49a	28.62c	29.52d	30.82e	27.37b
	7 月	32.44d	34.62e	29.79b	31.26c	31.75d	28.50a
	10 月	25.59d	21.71c	20.10a	21.06b	22.77d	19.64a

注：同行中不同字母示差异显著($P<0.05$)，相同字母示差异不显著($P>0.05$)。

量小，因此干旱或者降水量较小的情况下，生草可能显著降低土壤含水量。生草生长到秋季，除白三叶和杂草外，其他生草干枯凋落，因此 10 月白三叶和杂草分别较对照提高含水量 33.77%、14.02%。

从 20～40cm 土层看，生草栽培较清耕影响幅度小于 0～20cm。1 月油菜和杂草影响显著，分别提高含水量 19.08%和 19.37%；白三叶 4 月较清耕提高 12.63%，7 月和 10 月白三叶较清耕分别提高 25.73%和 30.28%，影响显著。

生草栽培后，一方面减缓了土壤水分蒸发，另一方面，生草改善了土壤结构，促进了团粒结构的形成和有效孔隙度的增加，增加了土壤的容水能力，因而使土壤水分含量明显增加；同时也证明了果园生草能使水分从土壤下层向上层转移，显示出良好的保墒作用。生草还可以截留雨水，提高地表的冲刷力，增强土壤的渗透性和蓄水能力，减小水土流失风险。

三、小结与讨论

　　山核桃林内种植生草能有效改善林内地温，夏季高温时有效降低园区地温，秋冬寒冷天气时保持土壤温度，为山核桃的生长提供了更加适宜的环境。本研究表明，1 月不同处理的日均温在 12：00 左右达到峰值，白三叶和黑麦草表层温度最高达到 8℃，下午 14：00 开始增温。随着土层的加深，土壤温度日变化幅度变小。白三叶和杂草处理的土温明显高于紫云英、清耕处理，表现出良好的保温和增温作用，并且有效缓解并抑制了深层土温的上升。4 月，气温开始回升，5cm 土层温度趋于一致且变化趋势平稳，10cm、15cm、20cm 土层清耕土温较低。7 月气温较高，清耕区的温度明显高于其他处理的温度，并且变化幅度较大，在 10：00～14：00 土温骤增，生草区的土温变化稳定。10 月时，除了白三叶和杂草，其他生草已自然干枯，白三叶和杂草区土温较高且稳定，清耕区土温较低并且 10：00 土温骤升。综上所述，生草区起到夏季降温、冬季保温的作用，不同生草效果不同，说明生草栽培在寒冷季节可以保温，减少土温变幅。

　　生草栽培增加了山核桃林内地表覆盖率，减缓了土壤地表水分的蒸发作用，提高了地表的湿度。在整个生长过程中，生草影响能力逐渐增强，1 月杂草地表湿度较清耕区改善最为明显，提高了 3%，其他生草效果不佳。4 月的紫云英、7 月的白三叶、10 月的杂草分别较清耕提高了 11.4%、13.1%、12.4%。生草在不同的生长阶段对地表湿度的调节能力也不相同，说明生草的增湿效应具有时间异质性，这可能是因为不同生长发育阶段生草所形成的地被群落盖度、高度、蒸散量不同。

　　山核桃林内种植生草及保留天然杂草与清耕相比，能够减缓土壤水分的蒸散作用，增强土壤的保水能力，有效提高表层土的土壤含水量。果园种植适宜的生草可以提高土壤含水量和增强保湿能力；但在 4 月生草区含水量普遍很低，这也表明在干旱季节生草的生长与树体存在争夺水分的现象，使林地水分消耗增大。

第二节　生草栽培对土壤化学性质的影响

　　土壤有机质是土壤肥力的物质基础，是各种营养元素特别是氮、磷的主要来源，是土壤肥力高低的一个重要指标，也是制约土壤理化性质如水分、通气性、抗蚀性、供肥保肥能力和养分有效性的关键因素。相关研究表明，生草栽培能够提高土壤的有机质含量。

　　实验条件不同，生草栽培对土壤营养影响的结果往往也不同。一般认为生草栽培可以提高土壤全氮、全钾、全磷的含量，其速效养分含量也有明显增加。此外，有相关研究报道，果园生草能够提高土壤微量元素锰、铜、铁的含量，增加交换性钙、镁的含量，降低锌的含量。

由于土壤化学组成的不同，土壤具有不同的酸碱度。土壤 pH 是土壤溶液中氢离子浓度的负对数，它的变化不仅对土壤中营养元素的有效性，以及土壤离子的交换、运动、迁移和转化有直接影响，而且影响物质的溶解度，直接关系到土壤微生物的活动，从而改变土壤可溶性养分的含量。一般认为，生草制度下土壤 pH 较无植被高。

一、生草栽培对土壤 pH 的影响

土壤 pH 的变化对土壤中营养元素的有效性，以及土壤离子的交换、运动、迁移和转化有直接影响，直接关系到土壤微生物的活动，从而改变土壤可溶性养分的含量。临安区山核桃多生长于石灰岩母质的土壤，土壤酸碱度多呈碱性，但由于酸沉降频繁、氮肥的大量施用等问题，导致山核桃产区林地土壤酸化现象严重。研究结果表明(图 6-10、表 6-3)，4 月生草区 pH 大于清耕区，禾本科植物 pH 提高较豆科植物明显。7 月生草对表层土的影响：在 0～20cm 土层栽培白三叶、黑麦草、油菜、紫云英和杂草区 pH 较对照提高了 10.68%、12.98%、5.06%、1.38% 和 5.25%，其中白三叶和黑麦草提高幅度较大。10 月，白三叶、黑麦草、紫云英和杂草处理区 pH 较清耕区高。

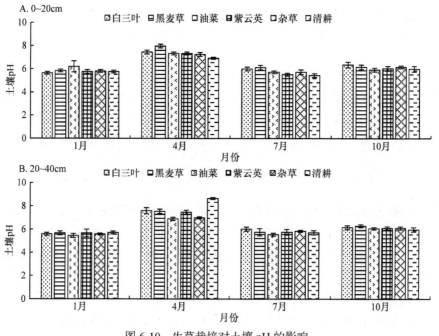

图 6-10　生草栽培对土壤 pH 的影响

表6-3　生草栽培对土壤 pH 的影响

土层	月份	白三叶	黑麦草	油菜	紫云英	杂草	清耕
0~20cm	1 月	5.6a	5.8a	6.21b	5.75a	5.79a	5.76a
	4 月	7.46ab	7.97b	7.31ab	7.32ab	7.24ab	6.91a
	7 月	6.01c	6.14c	5.71c	5.51ab	5.72b	5.43a
	10 月	6.36c	6.15b	5.94a	6.03ab	6.15b	6.00ab
20~40cm	1 月	5.58a	5.67a	5.47a	5.68a	5.57a	5.71a
	4 月	7.59a	7.79a	6.91a	7.45a	7.00a	8.65a
	7 月	6.05b	5.79ab	5.54a	5.77ab	5.85a	5.74ab
	10 月	6.18bc	6.28c	6.07ab	6.10ab	6.13ab	5.97a

注：同行中不同字母示差异显著($P<0.05$)。相同字母示差异不显著($P>0.05$)。

二、生草栽培对土壤有机质的影响

　　土壤有机质数量和质量的变化是制约土壤理化性质、水分、通气性、抗蚀性、供肥保肥能力和养分有效性等的关键因素。研究结果表明(图 6-11、表 6-4)，不同处理区土壤有机质含量随着土层的增加而呈下降趋势，生草栽培明显改善了 0~20cm 土层有机质，尤其是 7 月，生草区相对于清耕区有明显提高，白三叶、黑麦草、油菜、紫云英分别比清耕提高了 20%、7%、43%、21%。杂草区 0~20cm 土层有机质含量较低，20~40cm 含量较清耕区高。综合分析，豆科植物较黑麦草和杂草提高有机质幅度更大。

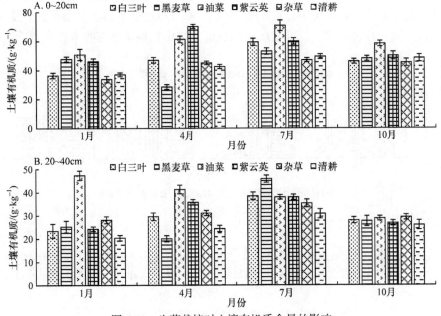

图 6-11　生草栽培对土壤有机质含量的影响

表 6-4　　生草栽培对土壤有机质含量的影响　　　　　　(单位 g·kg⁻¹)

土层	月份	白三叶	黑麦草	油菜	紫云英	杂草	清耕
0~20cm	1 月	36.28a	47.82b	50.85b	46.17b	33.53a	36.83a
	4 月	47.00c	28.45a	61.29d	69.95e	45.08bc	42.61b
	7 月	59.37d	52.91c	70.50e	59.78d	47.00a	49.47b
	10 月	46.17ab	48.10bc	58.13d	50.02c	45.35a	47.96bc
20~40cm	1 月	23.36ab	25.29ab	47.27c	24.19ab	28.03b	20.34a
	4 月	29.68c	20.06a	41.23f	35.725e	31.05d	24.46b
	7 月	38.48c	45.89d	37.93c	37.515c	35.31b	30.78a
	10 月	27.76ab	27.62ab	28.72ab	26.795ab	29.27b	25.97a

注：同行中不同字母示差异显著(P<0.05)。相同字母示差异不显著(P>0.05)。

三、生草栽培对土壤常量全量元素的影响

(一) 全氮

　　研究结果表明(图 6-12)，不同生草制度下分别对应的两个土层的全氮含量动态变化趋势基本一致。表层土壤全氮含量高于亚表层土壤，豆科植物处理区全氮含量较其他区高。7~10 月各区全氮含量趋于稳定，10 月各处理间差异不如前期显著。在 0~20cm 和 20~40cm 土层油菜处理区，提高土壤全氮含量能力最强，说明油菜对土壤全氮具有较强的活化能力，可能与不同生草枯落分解速度及固氮能力的强弱不同有关。0~20cm 土层中，1 月白三叶区、4 月黑麦草区和 7 月杂草区全氮含量分别低于同一月份清耕区，可能在 0~20cm 土层山核桃植株与牧草存在营养竞争。

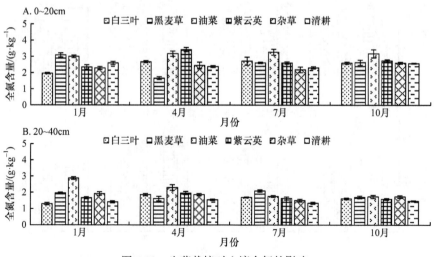

图 6-12　生草栽培对土壤全氮的影响

(二) 全磷

研究结果表明(图 6-13)，生草栽培对林地土壤不同土层的全磷动态变化趋势基本一致。0～20cm 土层全磷含量高于 20～40cm 土层。全磷含量 1 月各处理之间差异不大，4 月表层土含量下降，7 月含量提高幅度较大。4 月是生草生长旺盛期，大量吸收土壤中磷元素；7 月与 10 月随着生草枯落，生草区土壤磷含量均高于清耕区。10 月白三叶和杂草未干枯，黑麦草未完全分解，其他杂草已干枯开始分解，再加上山核桃林农采摘山核桃对地表土壤的踩踏，导致白三叶、黑麦草和杂草处理全磷含量明显高于其他处理，也说明种植优质生草有利于提高土壤全磷含量。

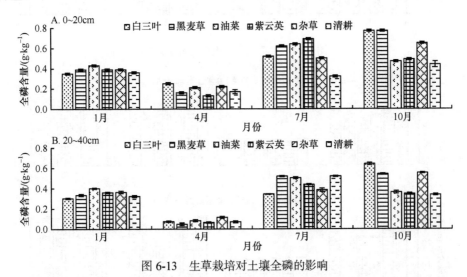

图 6-13　生草栽培对土壤全磷的影响

(三) 全钾

研究结果表明(图 6-14)，与清耕相比，生草对土壤全钾含量影响不大，且两个土层的全钾含量差异不大，整个生长周期土壤全钾含量变化无明显规律性，可能生草区域环境能有效促进土壤全钾的分解转化。10 月白三叶、黑麦草和杂草区 0～20cm 土层全钾含量分别较清耕高 9.25%、11.25% 和 17.03%

(四) 全铁

研究结果表明(图 6-15)，生草制度下铁元素含量在整个生长季节变化趋势基本一致，变化幅度很小，不同处理之间差别不显著，两个土层差异不大。4 月含量最低，可能是生草可以活化全铁为有效铁，生草和山核桃之间存在营养竞争关系。在垂直关系上，表层土壤和亚表层土壤铁含量相差不大。

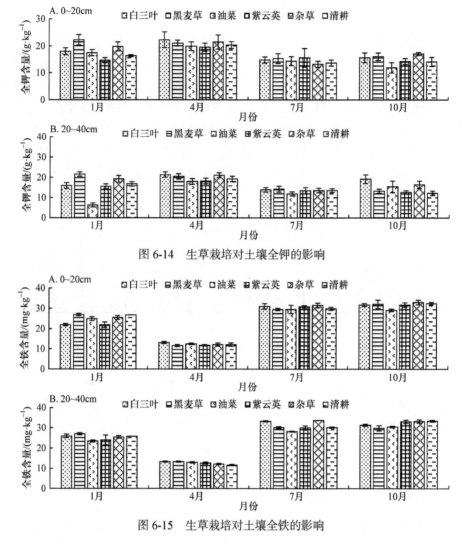

图 6-14　生草栽培对土壤全钾的影响

图 6-15　生草栽培对土壤全铁的影响

(五) 全锰

研究结果表明(图 6-16)，1 月土壤锰元素含量较高，4 月、7 月生草旺盛生长季锰元素含量却降低，可能是生草活化全锰供植物吸收。在整个生长期间，黑麦草处理效果最佳。相同处理下 0～20cm 土层全锰元素含量变化比较平稳，含量呈下降趋势，但是两者的差距很小。

(六) 全镁

研究结果表明(图 6-17)，整个生长季节中不同处理的两个土层的全镁含量变化趋势基本一致，并且两个土层全镁含量差异不大。杂草处理全镁含量较高，说明自然杂草的生长耗镁较少。

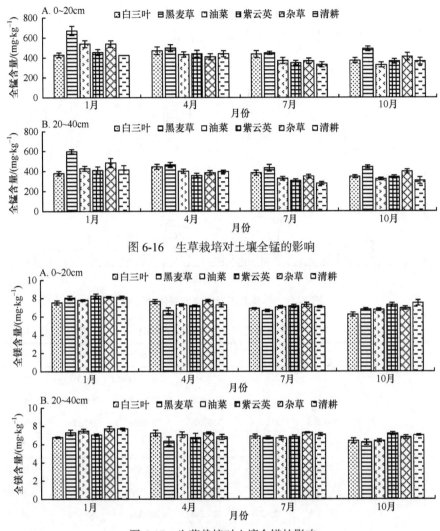

图 6-16　生草栽培对土壤全锰的影响

图 6-17　生草栽培对土壤全镁的影响

四、生草栽培对土壤有效元素的影响

(一) 碱解氮

研究结果表明(图 6-18、表 6-5)，整个生长季节不同生草对碱解氮的影响变化平稳，表层土含量高于亚表层。1 月处于生草的生长初期，0～20cm 土层中，生草间影响差异不显著，油菜和黑麦草高于清耕区。4 月生草旺盛生长，白三叶、紫云英和油菜处理表现较优，分别较清耕提高了 56.7%、39.4%、26%。7 月黑麦草和油菜分别较清耕提高了 29.57%、22.6%。这说明果园生草能够改善土壤碱解氮的实际供给能力，具有活化有机态氮的功能，但不同生草的活化能力不同，其中豆科植物活化能力及固氮能力优于禾本科生草。

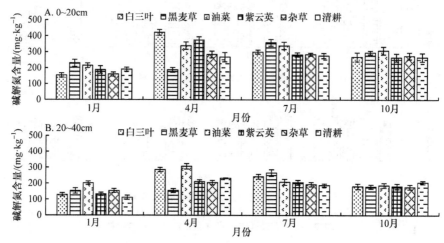

图 6-18　生草栽培对土壤碱解氮的影响

表 6-5　生草栽培对土壤碱解氮的影响　　　　　（单位：mg·kg⁻¹）

土层	月份	白三叶	黑麦草	油菜	紫云英	杂草	清耕
0~20cm	1 月	153.49a	229.38a	215.58a	187.98a	160.39a	191.43a
	4 月	421.73b	188.61a	339.08ab	375.11b	283.98ab	269.15ab
	7 月	300.48a	358.49b	339.16a	282.63a	284.12a	276.68a
	10 月	268.85a	295.73b	308.81b	265.21a	274.30a	267.03a
20~40cm	1 月	129.35a	153.50a	201.78b	132.80a	153.49a	112.10a
	4 月	286.10bc	154.71a	307.30c	211.93ab	205.57ab	233.12ab
	7 月	242.47b	266.27c	208.26a	205.28a	193.38a	188.92a
	10 月	181.65a	179.84a	187.10a	181.65a	178.02a	205.27b

注：同行中不同字母表示差异显著（$P<0.05$），相同字母表示差异不显著（$P>0.05$）。

(二) 速效钾

研究结果表明(图 6-19、表 6-6)，生草栽培对土壤速效钾含量有着明显的影响，1~10 月呈先上升后下降的趋势，7 月最高，对表层土的影响大于亚表层。0~20cm土层，1 月杂草提高幅度最大；4 月、7 月紫云英较清耕提高幅度最大，分别为1.09%、1.95%；10 月白三叶和杂草区域速效钾含量较高。这也说明生草处理区土壤环境因子能有效地促进土壤全钾分解转化为速效钾，或者生草本身能够分解出速效钾。

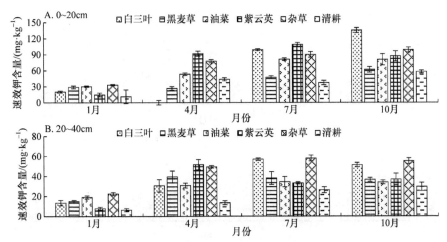

图 6-19　生草栽培期对土壤速效钾的影响

表 6-6　生草栽培对土壤速效钾的影响　　　　　(单位：mg·kg⁻¹)

土层	月份	白三叶	黑麦草	油菜	紫云英	杂草	清耕
0~20cm	1 月	20.06c	29.11d	29.87d	14.85b	32.83e	10.97a
	4 月	79.75c	26.62a	53.30b	91.51c	77.41c	43.75b
	7 月	95.84c	47.12a	81.25b	109.03d	89.85b	36.96a
	10 月	135.1c	61.73a	80.55b	87.01b	98.74b	57.65a
20~40cm	1 月	13.49b	14.87b	19.16c	7.87a	22.41d	6.35a
	4 月	30.50ab	39.38b	30.90ab	51.72b	49.34b	13.78a
	7 月	57.08a	38.30a	34.45a	33.19a	57.99a	26.34a
	10 月	51.34bc	36.79abc	33.97ab	37.03abc	55.40c	29.66a

注：同行中不同字母表示差异显著($P<0.05$)，相同字母表示差异不显著($P>0.05$)。

(三) 有效磷

研究结果表明(图 6-20、表 6-7)，整个生长季节土壤有效磷含量变化幅度较小，表层土含量高于亚表层。1~4 月有效磷含量较低，可能生草大量吸收供自己生长所需，1 月油菜和杂草低于清耕区，4 月除黑麦草区其他生草区有效磷含量均高于清耕区。在整个过程中，白三叶处理有效磷含量逐渐升高，油菜在 7 月出现骤升，可能是因为枯落叶分解释放出磷元素的原因。10 月白三叶和杂草效果较其他处理好。

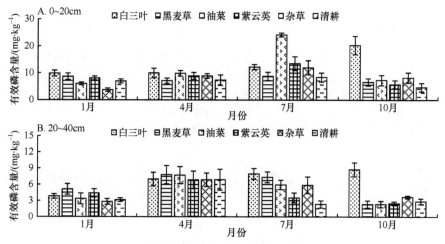

图 6-20　生草栽培对土壤有效磷的影响

表 6-7　生草栽培对土壤有效磷的影响　　　　　　（单位：mg·kg⁻¹）

土层	月份	白三叶	黑麦草	油菜	紫云英	杂草	清耕
0~20cm	1 月	9.84c	8.60bc	5.97ab	8.03bc	3.69a	6.90bc
	4 月	10.01a	7.03a	9.79a	8.94a	8.86a	7.28a
	7 月	12.19a	8.73a	24.13b	13.60a	11.96a	8.41a
	10 月	41.33b	6.61a	7.30a	5.78a	8.31a	4.67a
20~40cm	1 月	3.82bc	5.12d	3.37ab	4.40c	2.83a	3.16ab
	4 月	6.96a	7.80a	7.69a	6.82a	6.86a	6.87a
	7 月	7.96c	7.30c	5.92a	3.53ab	5.88b	2.36a
	10 月	10.72b	2.37a	2.36a	2.50a	3.70a	2.87a

注：同行中不同字母表示差异显著（$P<0.05$），相同字母表示差异不显著（$P>0.05$）。

(四) 有效铁

从图 6-21 可知，不同处理相对应的不同土层有效铁含量变化趋势基本一致，4 个季节呈现"高—低—稍高—高"的变化。表层土有效铁含量高于亚表层土，4 月生草生长旺盛，有效铁含量相对较低，说明生草利用了一部分土壤有效铁，也可能生草将深层土壤的有效铁吸附到地表后释放，为表层山核桃根系提供充足的微量养分。这也可以通过人工施肥措施加以解决。经过生草刈割覆盖分解，提高了土壤有机质含量，有机质在分解过程中释放出有机酸，对土壤起缓冲作用，进而提高了有效铁的含量，同时可以将部分铁释放回土壤当中，这和 10 月有效铁含量提高是吻合的。土壤有效铁被生草生长利用，但通过刈割覆盖又重新释放给土壤，从而使铁元素呈上升趋势。

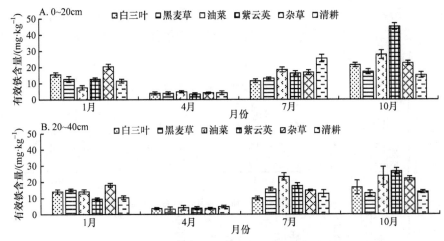

图 6-21　生草栽培对土壤有效铁的影响

(五) 有效锌

从图 6-22 可知，不同处理相对应的不同土层有效锌含量变化趋势基本一致，四个季节呈现"低—高—低—高"的变化。表层土有效锌含量高于亚表层土，黑麦草、紫云英、油菜和油菜分别在四个季节表现最佳。这是因为 0～20cm 土层生草根系分泌物多，该土层有机物质的活化和分解加强。同时，由于覆盖阻碍了土壤内外的流通，改善了土壤微生物的生存条件，加快了土壤微生物的活动，加速了有机物质的腐烂分解，提高了土壤有效养分含量。

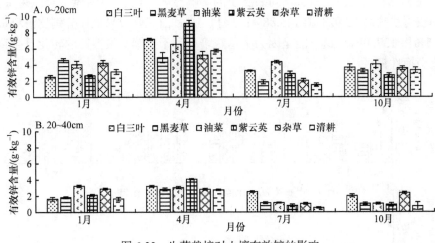

图 6-22　生草栽培对土壤有效锌的影响

(六) 有效锰

从图 6-23 可知，不同处理相对应的不同土层有效锰含量变化趋势基本一致，四个季节呈现"低—高—低—高"的变化。表层土有效锰含量高于亚表层土,黑麦草、紫云英、油菜和紫云英分别在四个季节表现最佳,较清耕分别提高了92.3%、42.9%、111.1%、57%。

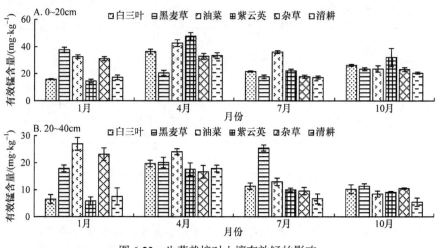

图6-23　生草栽培对土壤有效锰的影响

五、生草栽培对土壤交换性盐基的影响

(一) 交换性钾

从图6-24可知,各处理不同土层间土壤交换性钾含量变化相似,表层土含量明显高于亚表层土。生草栽培对表层土的影响显著,1月、4月紫云英效果最佳,分别较清耕提高75.92%和145.88%;7月、10月白三叶效果最佳分别比清耕提高236.5%和137.39%。这可能是因为生草栽培有利于土壤交换性钾的转化且生草会释放交换性钾。

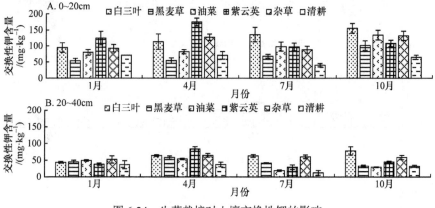

图6-24　生草栽培对土壤交换性钾的影响

(二) 交换性钙

研究结果表明(图 6-25),各处理中交换性钙含量随土层深度加深呈递减趋势,且以 0~20cm 土层最高,但是 4 月黑麦草处理区表层的交换性钙含量低于亚表层。0~20cm 土层中,1 月、4 月黑麦草和紫云英分别较清耕提高幅度最大;而 7 月、10 月白三叶处理效果最佳,分别较清耕提高 371.84%和 39.88%。20~40cm 土层交换性钙含量和表层变化趋势一致,处理之间变化幅度不如表层明显。

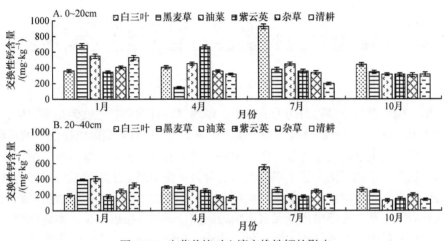

图 6-25　生草栽培对土壤交换性钙的影响

(三) 交换性镁

研究结果表明(图 6-26),在整个生长季节,不同处理相对应的土层交换性镁含量变化趋势一致。1 月清耕交换性镁含量高于紫云英、杂草和白三叶,低于黑麦草和油菜处理区;4 月、7 月紫云英和白三叶处理区显著高于清耕 59.83%和198.78%;10月除黑麦草,其他生草交换性镁含量均低于清耕区。

六、小结与讨论

一般认为,生草栽培后土壤 pH 较无植被的高,本研究与前人研究一致。多数研究认为,生草栽培对土壤肥力有显著影响,可增加土壤有机质含量,且增加量随土壤和环境条件而变化,增加最多是表层土,向下依次减少,种植牧草每年通过凋落物归还、细根周转、根系分泌等可向土壤归还大量的有机质,而清耕造成有机质的加速分解和流失。本研究结果与前人研究基本一致,尤其是 7 月,白三叶、黑麦草、油菜、紫云英分别比清耕提高了 20%、7%、43%、21%。

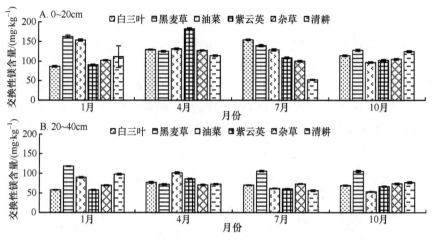

图 6-26　生草栽培对土壤交换性镁的影响

氮、磷、钾是土壤肥力的物质基础，碱解氮、有效磷、速效钾是果树生长发育所需氮、磷、钾养分的直接来源，是土壤氮、磷、钾营养实际供应能力的反映。一般研究表明生草提高了土壤全氮、全钾、全磷的含量，其速效养分含量也明显增加，认为生草由于提高了土壤有机质的含量从而提高了土壤常量元素的含量，而且生草有利于土壤全氮、全磷、全钾在表层土壤的富集，尤其是豆科植物效果最佳。有关生草对土壤中微量元素影响的研究，国内外报道较少。本研究结果表明，山核桃林内生草栽培使土壤全氮、全磷、全铁、全锰、全钙、全镁平均含量高于清耕，但对土壤全钾含量提高幅度不大。有效态氮、磷、钾、铁、锰、锌、钙、镁均有不同程度的提高，有效氮、磷、铁提高幅不大，在整个生长过程中白三叶、油菜、杂草较优。

生草使土壤交换性钙、镁含量增加，因为生草制度下钙、镁淋溶较少。本研究结果得出，土壤交换性钾、钙、镁含量较清耕高，但是交换性镁提高幅度不大。

第三节　生草栽培对土壤有机碳氮的影响

果园生草是一种优良的可持续发展土壤管理模式，已在苹果园、葡萄园、桃园、梨园、李园及杨梅园等推广应用，果园生草能有效提高土壤有机碳质量分数，改良土壤物理结构，增强土壤养分供给能力，显著提高土壤微生物数量和酶活性，在改善果园小气候、降低果园气温和土壤温度的极端数值、减少土壤流失等方面具有较好的效果，同时还具有较强的固碳能力。

土壤水溶性有机物(WSOM)是指通过 0.45μm 筛孔并能溶解于水中不同大小和结构的有机分子混合体，是土壤中最活跃的组成部分，包括水溶性有机碳、氮、磷等，它能比较敏感地反映环境变化和不同的人为管理措施所引起的土壤的微小变化，对保持土壤肥力和土壤碳库平衡具有重要意义。

土壤微生物量是土壤活性养分的储存库，作为土壤中物质代谢旺盛强度的指标，可以灵敏地反映环境因子、土地利用模式、农业生产活动和气候条件的变化，被用作评价土壤质量和反映微生物群落状态与功能变化的指标，能够较早地指示生态系统功能的变化。土壤微生物的生物量越高，微生物群落活跃程度越高，一定程度上反映了该生态系统具有越强的物质循环能力和促进植被生长发育的能力。

针对山核桃林强度经营导致林地土壤性质的改变及林地土壤的修复，相关学者开展了生草品种的筛选、种植等研究，在一定程度上改善了林地的生态环境，但生草栽培对山核桃林土壤质量的影响还未曾报道。本节研究了不同生草栽培对山核桃林土壤总有机碳、水溶性有机碳氮的影响以及土壤微生物量碳氮的变化，以期为山核桃林土壤修复、科学管理和生草栽培技术的实施提供科学依据。

一、不同生草对土壤总有机碳的影响

(一) 不同处理对土壤总有机碳质量分数的影响

由图 6-27 可知，人工生草后林地土壤总有机碳(TOC)质量分数与清耕相比差异显著($P<0.05$)，不同生草对土壤有机碳增加的幅度有所不同，与清耕相比，质量分数分别提高了 26.61%、24.74% 和 23.12%，不同生草间没有明显差异。

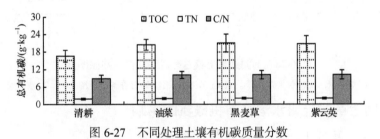

图 6-27　不同处理土壤有机碳质量分数

(二) 不同处理对土壤总有机碳核磁结构的影响

在对核磁共振谱峰进行区域积分后，得到土壤有机碳中各种含碳组分的百分比(表 6-8)。从图 6-28 及表 6-8 可知，生草后，林地土壤羰基 C 的比例显著升高，与清耕相比，油菜、黑麦草、紫云英分别提高了 36.9%、29.9% 和 33.9%；烷基碳、烷氧碳和芳香碳比例明显下降，分别降低 10.0%～16.4%、18.9%～20.9% 和 10.5%～16.6%。生草后每年大量有机物料归还土壤，从而使土壤中容易被氧化分解的羰基碳明显增加。这与本研究中生草后土壤的微生物量碳(MBC)和水溶性有机碳(WSOC)质量分数比清耕提高了 138.61%～159.68% 和 56.24%～69.47% 也是一致的。

表 6-8 不同处理土壤含碳组分占总有机碳的比例

处理	烷基碳/%	N-烷氧碳%	烷氧碳/%	缩醛碳/%	芳香碳/%	酚基碳/%	羰基碳/%	烷基C/烷氧C	疏水C/亲水C	脂族C/芳香C	芳香度/%
清耕	9.02a	5.54a	15.63a	11.61a	28.36a	12.92ab	16.92b	0.28a	1.01a	1.01a	49.7a
油菜	7.56b	5.89a	12.37b	12.29a	23.66b	15.06a	23.17a	0.25a	0.86a	0.98a	50.4a
黑麦草	7.54b	5.81a	12.63b	12.42a	25.39b	14.23a	21.98a	0.24a	0.89a	0.97a	50.8a
紫云英	8.12b	5.68a	12.67b	12.11a	25.27b	13.5ab	22.65a	0.26a	0.88a	1.00a	50.1a

注：同一列中不同字母代表在数值上存在显著差异(P<0.05)。

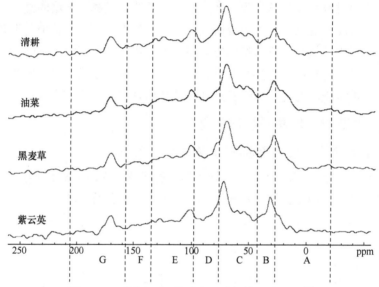

图 6-28 不同处理土壤总有机碳的核磁共振图谱

A. 烷基碳；B. N-烷氧碳；C. 烷氧碳；D. 缩醛碳；E. 芳香碳；F. 酚基碳；G. 羰基碳

二、不同生草对土壤水溶性有机碳氮的影响

(一) 不同生草对土壤水溶性有机碳氮的影响

不同生草种植后的山核桃林土壤水溶性有机碳氮质量分数如图 6-29 所示。与清耕相比，种植油菜、黑麦草和紫云英后，林地土壤水溶性有机碳、氮质量分数均显著提高。水溶性有机碳质量分数的大小顺序表现为黑麦草>紫云英>油菜>清耕，而水溶性有机氮质量分数大小则为紫云英>黑麦草>油菜>清耕。

(二) 不同生草土壤水溶性有机碳氮占总碳氮比例

不同生草种植后，山核桃林土壤水溶性有机碳氮占总碳氮的百分比也有所提高，但差异性并不显著(图 6-30)。从图中可知，土壤水溶性有机碳占总有机碳的比例介于 0.51%~0.68%，大小顺序表现为黑麦草>紫云英>油菜>清耕；而水溶性有机氮占总氮的比例则介于 0.79%~1.38%，大小顺序为紫云英>黑麦草>油菜>清耕。

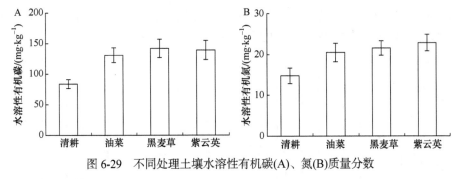

图 6-29　不同处理土壤水溶性有机碳(A)、氮(B)质量分数

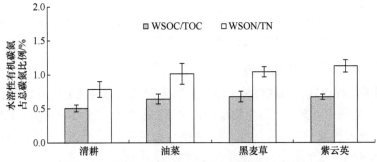

图 6-30　不同处理土壤水溶性有机碳氮占总碳氮比例

(三) 不同生草对土壤水溶性有机碳氮比的影响

山核桃林下种植生草后,提高了林地土壤水溶性有机碳氮的比值(图 6-31),但没有达到显著性差异。从图中可知,土壤水溶性有机碳氮比值介于 5.7～6.6,大小顺序表现为黑麦草>油菜>紫云英>清耕。

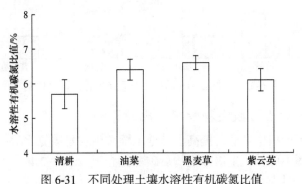

图 6-31　不同处理土壤水溶性有机碳氮比值

三、不同生草对土壤微生物量碳氮的影响

(一) 不同生草对土壤微生物量碳氮的影响

不同生草种植后的山核桃林土壤微生物量碳氮质量分数如图 6-32 所示。与清耕相比,种植油菜、黑麦草和紫云英后,林地土壤微生物量碳、氮质量分数均显

著提高。微生物量碳质量分数的大小顺序表现为黑麦草>紫云英>油菜>清耕，而微生物量氮质量分数大小则为黑麦草>油菜>紫云英>清耕。

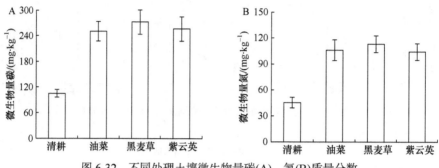

图 6-32　不同处理土壤微生物量碳(A)、氮(B)质量分数

(二) 不同生草土壤微生物量碳氮占总碳氮比例

不同生草种植后，山核桃林土壤微生物量碳氮占总碳氮的百分比也显著提高(图 6-33)。从图中可知，土壤生物量碳占总有机碳的比例介于 0.63%～1.30%，大小顺序表现为黑麦草>紫云英>油菜>清耕；而微生物量氮占总氮的比例则介于 2.43%～5.46%，大小顺序为黑麦草>油菜>紫云英>清耕。

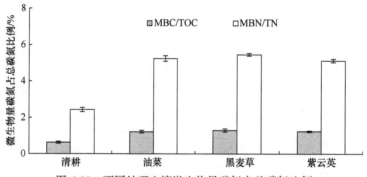

图 6-33　不同处理土壤微生物量碳氮占总碳氮比例

(三) 不同生草对土壤微生物量碳氮比的影响

山核桃林下种植生草后，提高了林地土壤微生物量碳氮比(图 6-34)，但差异并不显著。从图中可知，土壤微生物量碳氮比介于 2.31～2.46，大小顺序表现为紫云英>黑麦草>油菜>清耕。

四、小结与讨论

生草栽培是一种行之有效的土壤管理方法和制度，它能改善土壤物理性质，增加土壤养分和有机碳质量分数。生草后山核桃林土壤有机碳质量分数显著提高，主要是生草后每年通过地上部分死亡、细根周转和根系分泌等可向土壤归还大量的有机质，这与葡萄、苹果、杨梅土壤有机碳质量分数分别提高 54.4%、30.0%和 25.2%～48.9%等研究结相似。另外，清耕造成一定程度的水土流失，种植生草后可使土壤流失减少 19.3%～94.9%。

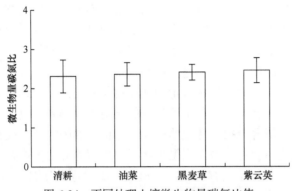

图 6-34　不同处理土壤微生物量碳氮比值

烷基 C_{0-45}/烷氧 C_{45-110} 比值反映了腐殖质烷基化程度的高低，可作为有机碳分解程度的指标；疏水 C/亲水 $C=(C_{0-45}+C_{110-165})/(C_{45-110}+C_{165-210})$，其比值反映腐殖质疏水程度的大小，比值越大则土壤有机碳稳定性越高。脂族 C_{0-110}/芳香 $C_{110-165}$ 可以用来反映腐殖质分子结构的复杂程度，该比值越高，表明腐殖质中芳香核越少、脂肪族侧链越多、缩合程度越低、分子结构越简单。芳香度($C_{110-165}/C_{0-165}×100\%$)可以反映有机碳分子结构的复杂程度，该值越大，表明芳香核越多，分子结构越复杂。从表 6-8 可知，土壤有机碳中烷基碳/烷氧碳、疏水碳/亲水碳的比值略有下降，说明土壤中难分解有机碳的比例相对减少；脂族碳/芳香碳的比值略有下降，而芳香度则略有升高，均说明生草后土壤有机物料多样性增加，土壤腐殖物质中芳香核结构更多，分子结构变得更加复杂。综上分析，生草后土壤有机碳库的稳定性并没有发生明显的改变。

山核桃林生草后，土壤水溶性有机碳氮质量分数显著增加，同时也提高了水溶性有机碳氮占总碳氮的百分比和水溶性碳氮的比值(图 6-29～图 6-31)。这是因为生草栽培后，增加了林地凋落物的种类和数量。本研究结果表明，生草栽培 4 年后，油菜、黑麦草、紫云英等生草地上部分投入到林地土壤的生物量分别达到 14 850kg·hm^{-2}、18 500kg·hm^{-2}、16 450kg·hm^{-2}。另外，生草后林地土壤有机物的流失量减少，土壤水溶性有机碳氮的质量分数相对增加。

土壤水溶性有机碳的净增加主要发生于枯枝落叶层，新的凋落物显著影响着土壤水溶性有机碳的质量分数。凋落物的淋洗是产生土壤水溶性有机质的主要途径。土壤的大部分水溶性有机质主要来源于老的土壤腐殖质。

山核桃林生草后，显著增加了土壤微生物量碳氮质量分数和微生物量碳氮占总碳氮的百分比，同时微生物量碳氮比也略有提高(图 6-32～图 6-34)。生草对土壤微生物的积极影响主要来自生物量(如凋落物、根系分泌物等)增加导致的能源输入增加,如本节前文"二、不同生草对土壤水溶性有机碳氮的影响"所述,生草后每年向土壤输入 14 850～18 500kg·hm^{-2} 的生物量。长期施用除草剂的清耕处理的土壤微生物量最低,一方面是因为农地长期向外输出生物量而补充不足,导致土壤微生物能源的缺乏;另一方面是因为土壤微生物的数量和活跃程度与土壤中有机碳的来源紧密相关,清耕土壤有机碳质量分数偏低,不利于土壤微生物的生长繁殖,其土壤微生物的储存和活性均很低。种植生草后可改善土壤生物量的输入和养分状况,土壤微生物数量和活性均能恢复到接近天然草地的水平。

研究表明,土壤微生物量与土壤养分的比值可以用来反映土壤养分向微生物量的转化效率、土壤养分损失和土壤矿物对有机质的固定,并且其在标记土壤过程或土壤健康变化时要比单独使用微生物量或土壤养分的值更有效。本研究中,土壤微生物量碳、氮占土壤有机碳、全氮百分比的范围分别为 0.63%～1.30%、2.43%～5.46%,与前人研究结果相似。

第四节　生草栽培对土壤微生物的影响

土壤微生物是土壤中所有肉眼看不清楚或看不见的微小生物的总称,包括古菌、细菌、放线菌、真菌、病毒、原生动物和显微藻类等。土壤微生物多样性是指土壤生态系统中所有的微生物类群、它们自身的基因以及土壤中的微生物与环境之间相互作用的多样化程度及生命体在遗传、种类和生态系统层次上的变化。林地生草栽培是否有利于丰富山核桃林土壤微生物多样性、不同生草对土壤微生物群落多样性是否有差异等问题尚未见报道,因此有必要探讨山核桃林土壤质量的绿肥恢复机制。

一、生草栽培对山核桃林土壤微生物功能多样性的影响

(一) 生草栽培山核桃林土壤微生物碳源利用情况

Biolog 微平板中每孔的平均颜色变化率(AWCD),是反映土壤微生物活性即利用单一碳源能力的一个重要指标。从理论上分析,AWCD 值越大,土壤微生物代谢活性越高;反之,则越低。分析不同季节土壤微生物群落代谢活性发现,不同生草处理的土壤微生物群落在不同季节会产生不同的碳源利用模式。由图 6-35 可以看出,随着培养时间的增加,不同季节各处理的土壤微生物活性(AWCD 值)呈抛物线模式。在培养前期(24～96h),各处理的土壤微生物活性均较旺盛,培养后期(96～192h)逐渐稳定。土壤微生物群落代谢活性的 AWCD 值随培养时间的变化曲线形状符合微生物利用基质的规律,即从适应期到对数期,最后到达稳定期阶段。在 1 月,比较所有处理,黑麦草处理的土壤微生物活性最高,其次是油菜处理,白三叶、紫云英和自然杂草处理相互间无差异;清耕处理在 48h 后 AWCD 值高于紫云英处理,

在 144h 后又高于白三叶处理。这表明，长时间的培养条件下，清耕处理下土壤微生物被激活，微生物碳源代谢活性也逐渐增大。在 4 月，此时生草生长旺盛，比较所有处理的 AWCD 值发现，各生草处理的土壤微生物活性均高于清耕处理，其中白三叶处理最好，其次是紫云英处理，清耕处理最差，黑麦草、油菜和自然杂草处理三者间 AWCD 值无明显差异。在 7 月，白三叶处理最好，清耕处理最差；自然杂草处理的 AWCD 值超过黑麦草和紫云英处理的 AWCD。在 10 月，生草处理的 AWCD 值均高于清耕处理，所有处理之间的差异在四个季节中最明显，其 AWCD 值的顺序为白三叶>自然杂草>紫云英>油菜>黑麦草>清耕。

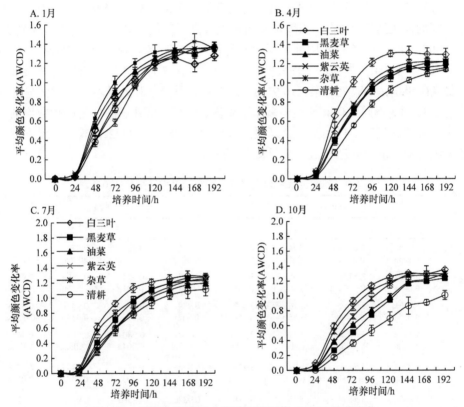

图 6-35　不同生草栽培土壤微生物群落 AWCD 季节变化

　　生草栽培 2 年后，在相同季节各处理的土壤微生物活性不同，这可能与供试土壤的植物种类组成有关。与清耕相比，生草处理(包括自然杂草)的山核桃林下植被丰富，每年产生大量凋落物，丰富了微生物所需的营养物质来源，因而其土壤微生物活性较高。清耕处理的土壤由于地上无植被覆盖，且每年采收山核桃人为踩踏，加之缺少植被的缓冲能力，清耕处理土壤被压实，几乎没有有机质输入，AWCD 值最高(3.865)，其次是油菜处理和黑麦草处理，白三叶处理最低(3.656)。

在 4 月，6 种不同处理间达到显著水平差异，白三叶处理最高(达到 3.815)，黑麦草和清耕处理最低(分别为 3.542 和 3.544)，油菜、紫云英和自然杂草与清耕处理相比达显著差异，但三者间无明显差异。在 7 月，不同处理间差异达显著水平，白三叶处理最高，为 3.794，清耕和油菜处理最低，仅为 3.553 和 3.546，黑麦草、紫云英和自然杂草处理显著高于清耕处理，但未达到显著差异。在 10 月，不同生草处理间 Shannon 多样性指数均达到显著差异。白三叶、自然杂草处理最高(分别为 3.803 和 3.778)，其次是紫云英处理(3.703)，黑麦草和油菜处理较低，但所有生草处理均显著高于清耕处理。

分析不同季节、不同处理土壤微生物群落均匀度指数(表 6-9)：在 1 月，不同处理间均未达到显著差异，黑麦草和清耕处理高于其他处理，自然杂草处理最低，为 0.968。在 4 月，6 种不同处理间无显著差异，白三叶和紫云英处理较高，分别为 0.984 和 0.980，黑麦草处理最低，为 0.953。在 7 月，不同处理间自然杂草处理最高(0.980)，油菜处理最低(0.950)，白三叶、黑麦草和紫云英处理间无显著差异。在 10 月，不同处理间均达显著水平差异，所有生草处理的均匀度指数均高于清耕，其中白三叶、自然杂草处理最高(分别为 0.980 和 0.972)，其次是黑麦草和紫云英处理，油菜处理较低，清耕最低(为 0.925)。

表 6-9　不同生草栽培土壤微生物功能多样性指数(120h)

处理	Shannon 指数(H)				均匀度指数(E)			
	1 月	4 月	7 月	10 月	1 月	4 月	7 月	10 月
白三叶	3.656± 0.125a	3.815± 0.061a	3.794± 0.035a	3.803± 0.034a	0.978± 0.004a	0.984± 0.002a	0.977± 0.006ab	0.980± 0.000a
黑麦草	3.791± 0.041a	3.542± 0.097b	3.668± 0.024ab	3.609± 0.046b	0.982± 0.001a	0.953± 0.021a	0.960± 0.007ab	0.963± 0.008ab
油菜	3.846± 0.035a	3.695± 0.044ab	3.546± 0.085b	3.543± 0.064b	0.979± 0.002a	0.979± 0.003a	0.950± 0.013b	0.943± 0.001bc
紫云英	3.747± 0.03a	3.657± 0.064ab	3.621± 0.051ab	3.703± 0.031ab	0.97± 0.003a	0.980± 0.004a	0.964± 0.005ab	0.960± 0.012ab
自然杂草	3.770± 0.018a	3.659± 0.063ab	3.699± 0.033ab	3.778± 0.021a	0.968± 0.007a	0.977± 0.003a	0.980± 0.005a	0.972± 0.007a
清耕	3.865± 0.076a	3.544± 0.041b	3.553± 0.105b	3.178± 0.111c	0.982± 0.002a	0.958± 0.004a	0.965± 0.009ab	0.925± 0.016c

注：不同小写字母表示差异显著($P<0.05$)，数值为平均值±标准差(mean±SD)，n=3。

Shannon 多样性指数反映了群落中物种的变化度或差异度，受样本总数、拟总数和均匀度的影响。Biolog 微平板中能被利用的碳源越多，则 Shannon 多样性指数越大，但如物种数少且各物种类群数量较少，反而可能比物种数多且各类群数量较多有更大的多样性指数。研究发现，在 1 月，无论是 Shannon 指数还是均匀度指数，清耕均高于生草处理，这可能是因为虽然清耕处理较生草处理的微生物物种数少,但其各类群数量也较少,故反而比生草处理(物种数多且各类群数量多)的多样性指数高。还有可能是因为牧草在冬季生长需要水分,导致生草处理区比清耕区的土壤含水量低,微生物代谢活性受到抑制,因而其功能多样性指数下降,此推论还需进一步研究。在4月、7月和10月,土壤微生物群落功能多样性指数均为生草处理高于清耕处理,白三叶、紫云英和自然杂草处理优于其他处理。

(二) 生草栽培土壤微生物对碳源利用多样性的主成分分析

利用培育120h后测定的AWCD值数据,运用DPS软件对数据进行主成分分析。数据矩阵包括18行代表试验区6种处理的18个样地、31列代表生态板上分布的31种不同的碳源物质,对不同季节6种处理土壤微生物碳源的利用结果分析见表6-10。

表6-10 土壤微生物碳源主成分特征值和累计贡献率

主成分	特征值				贡献率/%				累计贡献率/%			
	1月	4月	7月	10月	1月	4月	7月	10月	1月	4月	7月	10月
1	4.86	10.05	7.64	9.54	15.67	32.42	24.67	30.77	15.67	32.42	24.67	30.77
2	4.44	4.42	5.12	3.65	14.33	14.26	16.54	11.80	30.00	46.68	41.21	42.57
3	3.90	3.65	2.93	2.63	12.59	11.79	9.47	8.50	42.59	58.47	50.68	51.07
4	3.06	2.32	2.60	2.28	9.88	7.50	8.39	7.35	52.48	65.98	59.08	58.43
5	2.83	2.03	2.32	2.01	9.14	6.56	7.49	6.50	61.62	72.55	66.57	64.94
6	2.11	1.68	2.16	1.93	6.82	5.44	6.99	6.25	68.44	77.99	73.57	71.19
7	1.70	1.28	1.57	1.74	5.50	4.14	5.08	5.63	73.95	82.14	78.65	76.82
8	1.47	1.21	1.15	1.59	4.75	3.92	3.71	5.14	78.70	86.06	82.36	81.97
9	1.45	1.00	1.07	1.30	4.68	3.23	3.47	4.19	83.38	89.29	85.84	86.16

在1月,共提取了9个主成分,累计贡献率达83.38%,其中第一主成分(PC1)的方差贡献率为15.67%,第二主成分(PC2)为14.33%,对第一主成分(PC1)贡献较大的碳源有4种,分别为吐温40、甘氨酰-L-谷氨酸、α-丁酮酸和α-D-乳糖。在4月,提取的前9个主成分,累计贡献率达89.29%,其中第一主成分(PC1)和第二主成分(PC2)因子分别可以解释所有变量方差的32.42%和14.26%,对第一主成分(PC1)贡献较大的碳源有5种,分别为β-甲基-D-葡萄糖苷、i-赤藓糖醇、α-环式糊精、D-纤维二糖和α-D-乳糖。在7月共提取了9个主成分,累计贡献率达85.84%,其中第一和第二主成分分别为24.67%和16.54%,对第一主成分(PC1)贡献较大的碳源有6种,分别为β-甲基-D-葡萄糖苷、丙酮酸甲酯、吐温40、L-丝氨酸、α-环式糊精和1-磷酸葡萄糖。10月提取的特征根大于1的前9个主成分中,第一和第二主成分因子分别可以解释所有变量差异的30.77%和11.80%,对第一主成分(PC1)贡献较大的碳源有6种,分别为吐温80、L-苏氨酸、衣康酸、甘氨酰-L-谷氨酸、1-磷酸衣康酸和α-D-乳糖。土壤微生物在不同季节对碳源利用类型有明显的差异,但其主要的碳源利用类型为糖类、聚合物类和氨基酸类。

　　选取前两个主成分因子得分进行分析，以 PC1 为横轴、PC2 为纵轴，以不同处理在 2 个主成分上的得分值为坐标作图，得到不同季节不同处理下土壤微生物碳源利用的主成分分析图(图 6-36)。

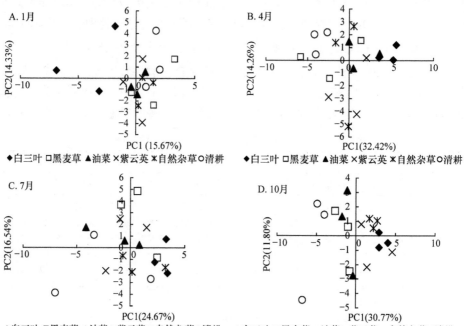

图 6-36　不同生草栽培土壤微生物碳源利用主成分分析季节变化

　　由图 6-36 可见，在 1 月，第一主成分(PC1)把白三叶处理与其他几个处理区分开来，油菜、自然杂草和紫云英三个处理相聚较近，均位于 PC1 轴正端，清耕处理其中一个重复与其他 2 个重复距离较大，都位于 PC1 轴正方向上。白三叶处理位于 PC1 轴的负方向上，三个重复间距离较远，在 PC1 轴上的距离为−1～−7，在 PC2 轴上的距离为−1～5。

　　在 4 月，第一主成分将油菜、白三叶处理和黑麦草、清耕处理相区分开来。油菜和白三叶处理处理位于 PC1 轴正方向上，黑麦草和清耕处理位于 PC1 轴负方向上。PC2 轴可将自然杂草和紫云英处理区别开来，自然杂草的 2 个重复位于 PC2 轴上端，另 1 个重复则位于 PC2 轴下端，距离较远。紫云英处理的 3 个重复位于 PC2 轴下端，在 PC 轴上位置为−4～0。

　　在 7 月，白三叶处理分布于 PC1 轴正方向上。油菜处理的三个重复主要在 PC1 轴的负方向上，距离为−4～1，在 PC2 轴上距离差距不大。黑麦草、紫云英和自然杂草处理分布于 PC2 轴上，黑麦草处理在 PC2 轴上的距离为−1～5，紫云英处理在 PC2 轴上的距离为−2～2。自然杂草处理位于 PC2 轴的负方向上。清耕处理的 3 个重复彼此间距离较大，在 PC1 轴上为–4～1，在 PC2 轴上为–7～2。

在 10 月，6 种不同处理在第一主成分上分成 2 组，即在 PC1 轴正方向上的为白三叶、自然杂草和紫云英处理，3 个处理彼此间聚集在一起，说明这 3 种处理的土壤微生物碳源利用模式相似；在 PC1 轴负方向上为油菜、黑麦草和清耕处理，这 3 个处理各有一个重复与自身其他两个重复的距离较远。

二、生草栽培对山核桃林土壤细菌群落结构多样性的影响

(一) 生草栽培山核桃林地土壤细菌总 DNA 提取结果

土壤样品 DNA 经 1.0% 的琼脂糖电泳检测后，结果显示 4 个季节的 DNA 提取效果良好，基本无拖尾现象(图 6-37)，无须再经过纯化即可满足后续 PCR 等试验的要求。

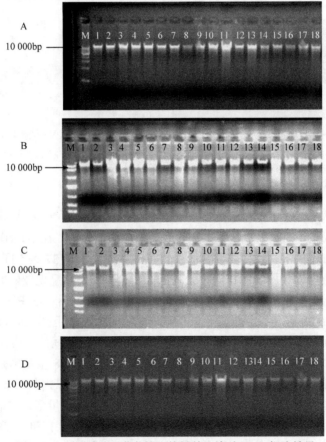

图 6-37　不同季节生草栽培山核桃林土壤总 DNA 提取效果

A. 1 月取样的总 DNA；B. 4 月取样的总 DNA；C. 7 月取样的总 DNA；D. 10 月取样的总 DNA。
1～3 为白三叶的 3 个样地，4～6 为黑麦草的 3 个样地，7～9 为油菜的 3 个样地，10～12 为紫云英的 3 个样地，
13～15 为自然杂草的 3 个样地，16～18 为清耕的 3 个样地

(二) 生草栽培山核桃林土壤细菌 16S rDNA V3 区片段的扩增

利用一对细菌通用引物 338F-GC 和 518R 进行 PCR 扩增, 分别以各个季节的土壤样品总 DNA 为模板的 PCR 反应均获得约 260bp 大小的特异性片段(图 6-38)。此片段为目标条带, 无其他非特异性扩增, 各个土壤样品的 PCR 产物可以进行变性梯度凝胶电泳实验。

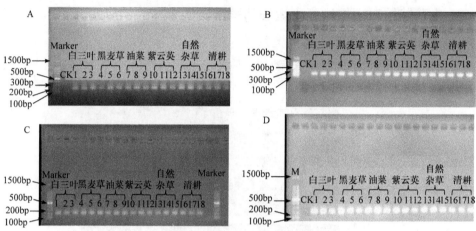

图 6-38　不同季节生草栽培山核桃林土壤细菌 16S rDNA V3 区扩增片段

A. 1 月取样的 PCR 扩增; B. 4 月取样的 PCR 扩增; C. 7 月取样的 PCR 扩增; D. 10 月取样的 PCR 扩增。CK 为 PCR 反应对照, 不加模板 DNA, 1~3 为白三叶的 3 个样地, 4~6 为黑麦草的 3 个样地, 7~9 为油菜的 3 个样地, 10~12 为紫云英的 3 个样地, 13~15 为自然杂草的 3 个样地, 16~18 为清耕的 3 个样地

(三) 生草栽培山核桃林土壤细菌群落结构季节变化分析(DGGE)

不同样品的 PCR 产物经 DGGE 分离后指纹图谱显示, 在 1 月(图 6-39A), 不同处理土壤细菌的多样性较丰富, 18 个样品总共分离出了 37 条不同位置的条带, 从图上可以看出, 土壤细菌在同种处理的 3 个重复间没有呈现较好的一致性, 这可能是由于土壤本身性状的差异造成的。电泳比较图(图 6-39B)中的条带多于 DGGE 图(图 6-39A), 其编号与图 6-39A 的也不对应, 这是因为 Quantity One 软件能识别肉眼无法看清和区分的条带。比较 1 月不同处理之间的条带, 条带 8、17、20、24、25、30 为所有样品的共性条带, 条带 21、23、28 也基本是所有样品的共性条带(仅在油菜-2 样中无此条带)。由图中条带亮度可以判断, 条带 17 和条带 30 是土壤中的优势种, 表明这两个条带代表的细菌种群数量多, 群落稳定, 对土壤理化性质及地上植被的变化不敏感。条带 3 和条带 6 是白三叶处理土壤的特有条带, 但条带 6 较弱。条带 4 是黑麦草处理土壤的优势种, 条带 5 是紫云英处理土壤的优势种; 条带 29 为自然杂草和清耕处理相对优势条带, 而油菜和清耕处理在条带 1~7 之间条带数目较少。相较于其他生草处理, 油菜处理和清耕处理的 DGGE 条带数目较少, 微生物多样性较低。

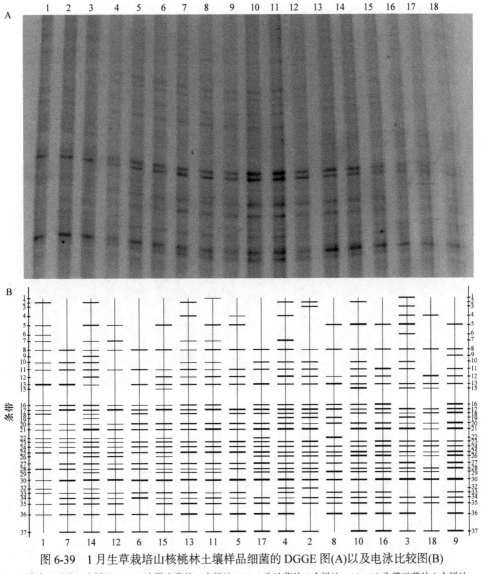

图6-39　1月生草栽培山核桃林土壤样品细菌的 DGGE 图(A)以及电泳比较图(B)

1~3 为白三叶的 3 个样地，4~6 为黑麦草的 3 个样地，7~9 为油菜的 3 个样地，10~12 为紫云英的 3 个样地，
13~15 为自然杂草的 3 个样地，16~18 为清耕的 3 个样地

　　土壤样品经 PCR 扩增后，获得特异性较强的功能基因片段目标条带，目标条带经 DGGE 分离得到图 6-40A。由图 6-40B 可知，在 4 月，不同处理土壤细菌的多样性丰富，18 个土壤样品共分离出 39 条不同位置的条带。其中 4 号样(黑麦草)条带数目最多，有 31 条条带；13 号、14 号和 15 号(自然杂草)次之，均有 30 条条带；18 号样(清耕)条带数目最少，多样性较差，仅有 21 条条带。综合来看，白三叶、自然杂草和清耕处理土壤样品的 3 个重复比较好，油菜、紫云英和清耕处

理的土壤样品 3 个重复间差异较大。

　　仔细比较不同处理间的条带发现，条带 7、16、24、25、30、34 是所有处理的共性条带。条带 1、4、18 是白三叶处理的优势种，同时条带 4 也是紫云英处理的优势种，条带 2 在清耕处理中相对优势，条带 5 是白三叶处理的特有种，条带 6 为自然杂草的优势种。条带 19、20、23 也是多数样品的共性条带，条带 19 仅

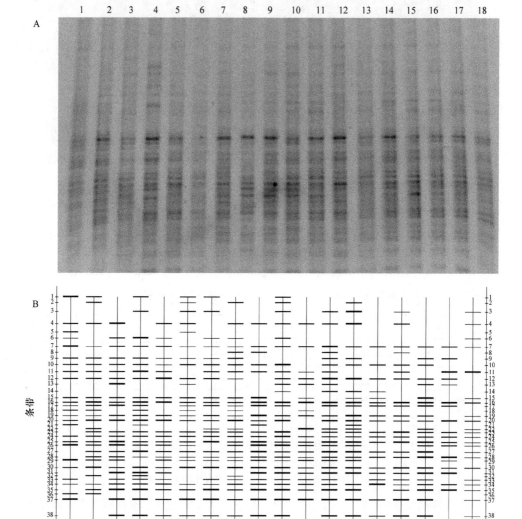

图 6-40　4 月生草栽培山核桃林土壤样品细菌的 DGGE 图(A)以及电泳比较图(B)

1～3 为白三叶的 3 个样地，4～6 为黑麦草的 3 个样地，7～9 为油菜的 3 个样地，10～12 为紫云英的 3 个样地，13～15 为自然杂草的 3 个样地，16～18 为清耕的 3 个样地

在 18 号(清耕-3)样品中没有，条带 20 仅在 8 号(油菜-2)样品中没有，并且条带 19 在白三叶处理的 3 个重复中较弱；条带 23 在 1 号样和 8 号样中没有，但在黑麦草处理中条带亮度更强。

7 月的样品 DGGE 图谱如图 6-41A 所示。从图 6-41B 可见，6 种不同生草处理的 18 个样品共分离得到 31 个条带，其中 8 号样和 9 号样(油菜)条带数目最丰富，均有 27 条带，17 号样(清耕)条带数目最少，为 18 条。比较各样品之间的条带，发现所有处理的样品共有 6 条共性条带，分别是条带 12、13、26、27、29 和 31，其中条带 13 在清耕处理中较强，而在其他处理中相对较弱，条带 26 在黑麦草处理中较弱，而在清耕处理中则较强。条带 27 在紫云英处理中相对较弱。条带 31 则在所有处理样品中亮度均较强，为所有样品的优势种。条带 11、14、18 和 20 基本是所有样品的共性条带，条带 11 和 18 仅在 18 号样(清耕-3)中没有，条带 14 和 20 仅在 2 号样(白三叶-2)中不存在。条带 2 是油菜和清耕处理的优势种但非特有种，条带 4 是黑麦草和自然杂草处理的相对优势条带，条带 9 是白三叶和紫云英处理的优势种，其亮度也较高。条带 30 仅存在于白三叶处理中，是白三叶处理的特有种。此外，条带 6 仅在 13 和 15 号样(自然杂草)中没有，在其他样品中的亮度均较强；条带 15 只在 1 号和 2 号样品(白三叶)中不存在，在其他处理中的亮度也较强。

10 月 6 种处理的土样 DGGE 图谱如图 6-42A 所示。由图 6-42B 可见，18 个样品中共出现 33 个条带，从图上可以看出，同种处理土壤细菌的 3 个重复间没有呈现较好的一致性，重复间的差异较明显。比较不同处理之间的条带发现，不同处理间共有 8 条共性条带，分别是条带 12、14、17、19、20、23、24 和 30，且多数共性条带亮度较高，表明这些条带所代表的细菌是山核桃林地土壤中基本稳

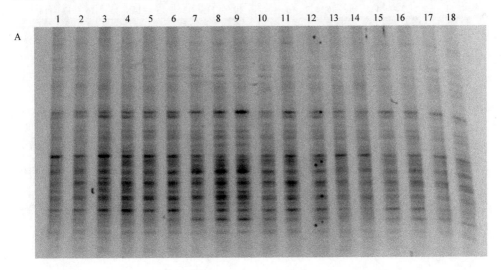

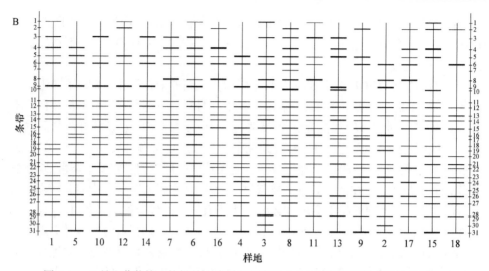

图 6-41　7 月生草栽培山核桃林土壤样品细菌的 DGGE 图(A)以及电泳比较图(B)

1~3 为白三叶的 3 个样地，4~6 为黑麦草的 3 个样地样地，7~9 为油菜的 3 个样地，10~12 为紫云英的 3 个样地，13~15 为自然杂草的 3 个样地，16~18 为清耕的 3 个样地

定种群，在数量上也具有优势，对外界环境变化不敏感。条带 25 也基本是所有样品的共性条带，仅在 1 号样(白三叶-1)中没有。条带 1 和条带 29 是油菜和紫云英处理的优势但非特有条带，条带 2 是自然杂草的优势条带，条带 3 在黑麦草和油菜处理中相对优势。条带 6 在白三叶处理中较为优势，且亮度较高。条带 21 是白三叶和自然杂草处理的相对优势条带。条带 28 是油菜的特有条带，条带 33 是白三叶和黑麦草的特有条带。

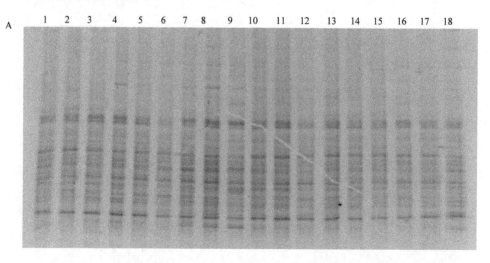

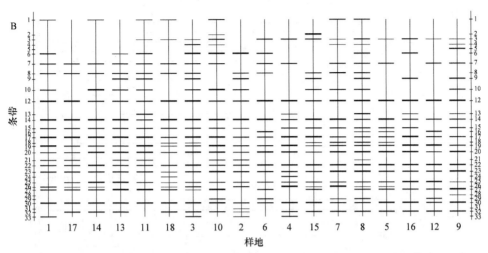

图 6-42　10 月生草栽培山核桃林土壤样品细菌的 DGGE 图(A)以及电泳比较图(B)

1～3 为白三叶的 3 个样地，4～6 为黑麦草的 3 个样地，7～9 为油菜的 3 个样地，10～12 为紫云英的 3 个样地，
13～15 为自然杂草的 3 个样地，16～18 为清耕的 3 个样地

　　四个季度综合比较来看，4 月土样的 DGGE 图谱不仅条带数目最多且亮度也最强，细菌的丰富度最高；其次是 1 月土样，18 个样品共分离出了 37 条条带，条带亮度较强；7 月土样的 DGGE 图谱显示，与其他季节相比，该季节的土壤细菌条带数目较少，且亮度也较弱，细菌丰富度差；10 月的土壤样品共分离出 33 个不同位置的条带，但条带亮度较强。

(四) 生草栽培山核桃林土壤细菌群落相似性分析

　　图 6-43A～D 分别为 1 月、4 月、7 月和 10 月的样品的相似性树状图，与图 6-39～图 6-42 中的 DGGE 电泳图一一对应。

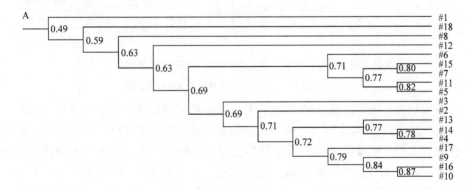

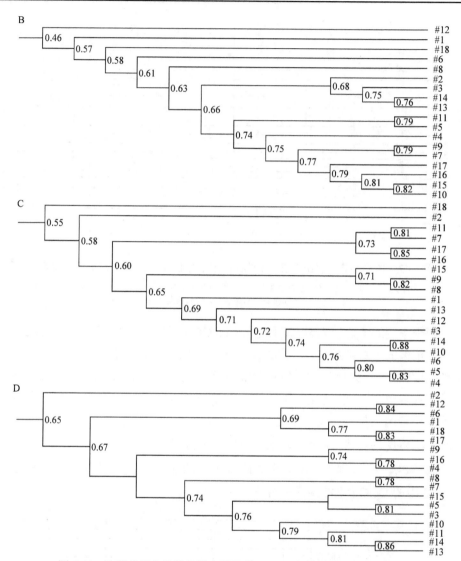

图 6-43　生草栽培山核桃林地土壤细菌 DGGE 条带图谱的聚类分析

A～D 分别为 1 月、4 月、7 月和 10 月相似性树状聚类图

一般认为，相似度在 0.60 以上的两个群体具有较好的相似性。由图 6-43A 可见，在 1 月，18 个样品归为一类的相似值为 0.49，相似度较低，说明生草栽培后山核桃林土壤微生物群落结构发生明显变化。6 种处理中，自然杂草处理的两个重复 13 号和 14 号归为一类，相似度为 77%；白三叶处理的两个重复 2 号和 3 号归为一类，相似度为 69%；清耕处理的两个重复 16 号和 17 号样，相似度为 79%。图 6-43B 显示，4 月所有处理的样品聚为一类的相似值为 0.46，清耕处理的两个重复 16 号和 17 号样品聚为一类的相似值为 0.79；油菜处理的两个重复 7 号和 9 号

样品有较好的相似性，相似值为 0.79，自然杂草的两个重复 13 号和 14 号样品聚在一起，相似度为 76%；白三叶处理的 2 号和 3 号的相似度为 68%。黑麦草和紫云英处理的三个重复间的相似度较低。图 6-43C 表明，7 月所有处理归为一类的相似度为 55%。其中，黑麦草处理的三个重复聚为一类，相似值为 0.83；油菜处理的两个重复 8 号和 9 号样的相似值为 0.82；清耕处理的两个重复 16 号和 17 号样品的相似值为 0.85。图 6-43D 为 10 月样品的 DGGE 聚类分析图，分析结果表明所有样品聚为一类的相似度为 65%，不同处理的样品间相似度较高，说明生草栽培在 10 月未对土壤细菌群落结构产生显著影响。自然杂草处理的两个重复 13 号和 14 号样品聚为一类的相似值为 0.86，紫云英处理的两个重复 10 号和 11 号样品聚为一类的相似值为 0.79，油菜的两个重复 8 号和 9 号样聚为一类的相似度为 82%，清耕处理的两个重复 16 号和 17 号样聚为一类的相似值高达 0.85。总体来看，在整个生长过程中，自然杂草、油菜和白三叶处理重复间的一致性较好。

三、小结与讨论

研究植被对土壤微生物组成的影响，揭示土壤微生物对植被恢复的响应关系，对选择合适的植被类型进行生态恢复和重建具有重要意义。植被通过影响土壤有机碳和氮的水平、土壤含水量、温度、通气性及 pH 等来影响土壤微生物多样性。植被的存在有利于增加土壤微生物多样性和微生物生物量；反之，植被的破坏可能改变微生物组成并降低微生物多样性。

本节试验通过 Biolog Eco 法研究生草栽培对山核桃林土壤微生物功能多样性的影响，试验结果显示，不同生草处理之间的土壤微生物代谢活性(AWCD)、土壤微生物 Shannon 多样性指数和均匀度指数均存在一定的差异，生草处理的土壤微生物 AWCD 值均高于清耕处理的 AWCD 值。导致这种差异的主要因素与植物种类组成、植物残体、根系分泌物和土壤养分状况等生态因子有关。试验结果还表明，在不同季节，土壤微生物多样性和代谢活性也有明显差异，4 月和 7 月的土壤微生物 AWCD 值高于 1 月和 10 月。可能的原因是秋季和冬季生草生长缓慢，部分生草枯萎死亡，导致植物根系分泌物和微生物生物量较少，加之冬季降水少，不利于土壤微生物的繁殖，故土壤微生物的代谢活性较低。而在春季和夏季，由于温度升高，降水量增多，导致生草生长旺盛，植物残体和根系分泌物数量增多，使得更多的新鲜有机质进入土壤，这些促进了土壤微生物的大量繁殖，进而使得代谢活性提高。通过主成分分析结果表明，土壤微生物在不同季节对碳源利用类型有明显的差异，主要为糖类、聚合物类和氨基酸类。

PCR-DGGE 技术是应用于土壤微生物群落结构多样性研究的良好方法。它能够鉴定群落组成在 DNA 分子水平上的变化，得到土壤微生物群落 DNA 序列多样性的有关信息并量化表示。DGGE 具有分离长度相同而序列不同的 DNA 片段的能力，每一个条带大致与群落中的一个优势菌群或操作分类单位(operational taxonomic unit，OTU)相对应，条带数目越多，说明生物多样性越丰富，条带染色后的荧光强度则反映该细菌的丰富度，条带信号越亮，表明该种属的数量越多。

从本节试验的 DGGE 分析结果可知，土壤细菌多样性非常丰富，四个季度的土壤样品均分离出了 30 条以上的不同位置的条带。其中，1 月的土壤样品共分离出了 37 条条带；4 月土壤样品共分离出 39 条不同位置的条带；7 月的土壤微生物多样性则较低，仅分离出了 31 条不同位置的条带；10 月的土壤样品共分离出了 33 条条带。生草处理的土壤样品的 DGGE 条带数目均明显多于清耕处理，可见，地上植被的数量和物种多样性可以稳定及增加土壤微生物的群落结构；本试验研究还表明，同一处理下的 3 个土样之间的相似性高于不同处理之间，结果符合逻辑，因为土壤的理化性质，特别是土壤有机质含量和碳源种类是影响土壤微生物的重要因素，而同一种处理下的植物种类一致、土壤理化性质一致。总体来看，在生草的整个生长过程中，自然杂草、油菜和白三叶处理重复间的一致性较好。不同季节、不同处理的土壤之间的差异性较大(按相似值高于 0.60 的两个群体均有较好的相似性观点)。可见，季节也是影响土壤微生物多样性的因素之一。

第五节　生草栽培对土壤酶活性的影响

土壤酶参与了土壤腐殖质的合成和分解，以及有机化合物、动植物和微生物残体的水解及转化等。土壤各种营养元素的转化也离不开土壤酶的作用。不同的土地耕作方式对土壤酶活性影响较明显，因而对土壤酶活性产生直接或间接的影响。

一、生草栽培对土壤脲酶活性的影响

一年四季气候不同，土壤理化性质、温度和水分都会发生变化，酶活性也随之变化。脲酶是土壤中唯一对尿素水解起重要作用的关键性酶。

由图 6-44 可见，整个生长季节脲酶活性在两个土层变化趋势一致，均表现出随着土壤深度的加深而递减的规律。这主要是因为土壤表层积累了较多的枯落物和腐殖质，有充足的营养源和良好的水热及通气状况。土壤生物代谢活跃，使表层积累了较高的脲酶活性。随着土层的加深，有机质含量下降、地下生物量减少、土壤温度降低及土壤水分减少，限制了土壤生物的代谢能力。这些因素的综合作用，使得土壤酶活性随着土层的加深而逐渐降低。其中，表层土在 1 月杂草与清耕相比提高 48.9%；4 月、7 月白三叶提高脲酶活性显著，分别较清耕提高 14.6%、20.3%。在 20～40cm 土层中，杂草在四个季节均明显提高土壤脲酶活性。脲酶是

对尿素转化起关键作用的酶，脲酶活性的提高，说明了白三叶和杂草处理区土壤的供氮能力较强。

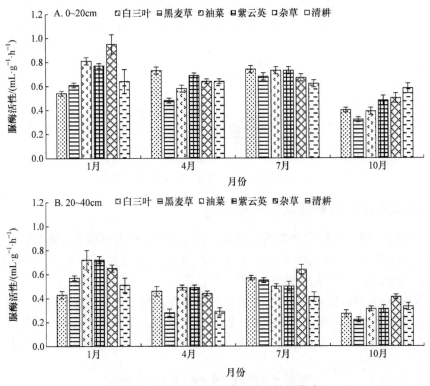

图 6-44　生草栽培对土壤脲酶活性的影响

冬、夏季酶活性最高，秋季则相反，酶活性低，4 月则介于冬季和夏季之间，而到了 10 月最低，可能是由于生草自然干枯及人工采摘山核桃对地表土壤的踩踏引起的。

二、生草栽培对土壤过氧化氢酶活性的影响

土壤过氧化氢酶既能促进土壤中的过氧化氢对各种化合物的氧化，又能消除由于过氧化氢的积累对土壤的毒害作用，其作为土壤中的氧化还原酶类，在有机质和腐殖质形成过程中起着重要作用。

如图 6-45 所示，过氧化氢酶活性随土层加深而减小，四个季节变化幅度不大，表层土 7 月过氧化氢酶活性较高，其中白三叶和黑麦草较对照提高 23.64%和 13.92%。由于不同生草的生物学特性不同，它们在不同的季节表现的性能不同，如油菜和黑麦草在 1 月和 4 月提高幅度较大，10 月白三叶和杂草对过氧化氢酶活性提高较大。

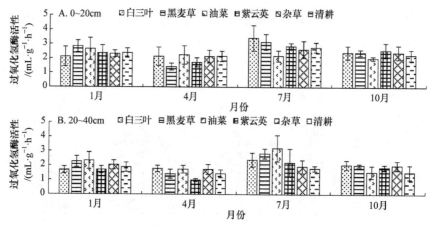

图 6-45　生草栽培对土壤过氧化氢酶活性的影响

三、生草栽培对蔗糖酶活性的影响

蔗糖酶是蔗糖水解成葡萄糖和果糖,直接参与土壤有机质的代谢过程,蔗糖酶不仅是表征土壤生物学活性的一种重要的酶,而且其强弱可作为土壤健康质量、营养供应能力、熟化程度和肥力水平的评价指标。

从图 6-46 中可以看出,6 种处理蔗糖酶活性在两个土层的变化趋势一致,均随土层深度的增加而降低,其中 4 月提高幅度较大,而 7 月最低。不同处理土壤蔗糖酶活性在不同季节变化趋势不太一致,在 0～20cm 土层中,1 月杂草表现优

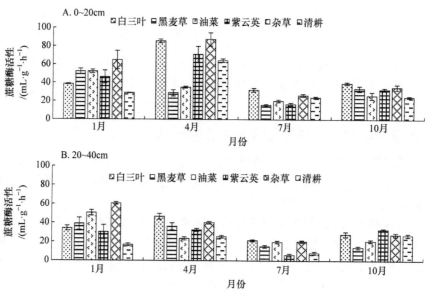

图 6-46　生草栽培对土壤蔗糖酶活性的影响

于其他杂草，4 月、7 月、10 月白三叶对蔗糖酶活性影响较大。这也说明杂草和白三叶处理区土壤碳的转化和呼吸强度较大。

四、小结与讨论

本研究中不同生草处理导致土壤酶活性存在一定差异，而且在整个生长周期的不同时期内，土壤酶活性的强度是不同的。林内种植生草使土壤形成相对紧密的独特环境，其温度、湿度、光照、通气条件和水肥状况等不同于清耕。生草栽培后土壤的特殊性必然影响着土壤酶活性的变化，这也为山核桃林科学水肥管理提供了依据。

不同生长阶段，土壤酶活性强度是不同的，脲酶和过氧化氢酶活性在 7 月最大，蔗糖酶活性在 4 月达到峰值。

不同处理土壤酶活性随着土层的加深而逐渐降低。许多研究表明，生草对土壤酶具有一定的活化作用，对土壤表层酶的活化作用明显，而对深层土壤作用较弱。其中，表层土 1 月杂草与清耕相比提高 48.9%，4 月、7 月白三叶提高脲酶活性显著。在 20～40cm 土层中，杂草在四个季节均可明显提高土壤脲酶活性。脲酶是对尿素转化起关键作用的酶，脲酶活性的提高说明白三叶和杂草处理区土壤的供氮能力较强。6 种处理的蔗糖酶活性在两个土层的变化趋势一致，其中 4 月提高幅度较大，而 7 月最低。不同处理土壤蔗糖酶活性在不同季节变化趋势不太一致，在 0～20cm 土层中，1 月杂草表现优于其他杂草，4 月、7 月、10 月白三叶对蔗糖酶活性影响较大；过氧化氢酶活性四个季节变化幅度不大，7 月表层土其活性较高，其中白三叶和黑麦草较对照提高 23.64% 和 13.92%，由于不同生草的生物学特性不同，它们在不同的季节表现的性能不同，如油菜和黑麦草在 1 月和 4 月提高幅度较大，10 月白三叶和杂草对过氧化酶活性提高较大，也能说明过氧化氢酶活性较大的处理有机质转化速率较高。

第七章 施肥与植物篱对山核桃林土壤养分流失的影响

第一节 施肥对山核桃林土壤养分径流的影响

山核桃已成为浙、皖两省交界的天目山区多数农民的主要经济收入来源，有近 40 万人口从事山核桃产业。近年来，一方面，为了采摘方便，农民使用草甘灵等除草剂(22.5kg·hm^{-2})，使林下灌木、杂草消失殆尽，且山核桃生长在坡度>25°的山上易形成径流，造成土壤侵蚀，水土流失严重；另一方面，为提高产量，林农盲目过量施肥，化肥投入量逐年增加，年施复合肥(N:P$_2$O$_5$:K$_2$O=15:15:15)达 638kg·hm^{-2}，这与山核桃对养分的需求有一定差异，从而引起土壤养分失衡，增加了养分流失负荷，也加剧了农业面源污染的风险。

合理施肥可以控制地表径流氮、磷污染，优化平衡施肥能减少氮素流失。本节试验在自然条件下，设置不同肥料种类(山核桃专用肥、常规复合肥)和不同施肥方法(撒施、沟施)的径流小区，动态监测氮、磷径流流失规律与特征，以探讨肥料种类和施肥方式对山核桃氮磷流失的影响，为山核桃的丰产、优质、高效、生态、安全的施肥技术提供参考，对提高肥料利用率、减少面源污染具有一定的现实意义。

一、不同施肥山核桃林土壤氮素径流浓度的动态变化

根据山核桃果实生长发育规律，5 月 8~18 日为开花授粉期，5 月中旬至 7 月中旬为雄花芽分化期，7 月中旬以后则为雄花芽休眠期，即 5 月中旬和 7 月中旬为分界点。5 月 8~18 日，一次小降雨都能引起氮素的大量流失，此时 T2 处理总氮(TN)流失显著，其浓度达到 45.09mg·L^{-1}，分别是 T1、T3 和 T4 的 3.12 倍、1.77 倍和 2.19 倍(图 7-1A)，这与徐泰平等研究结果一致。山核桃专用肥对氮素流失起良好的调控作用，当进入土壤的有机物料碳/氮>30 时，会产生土壤微生物对矿质态氮的固定作用。专用肥含一定量的有机质，其碳氮比值相对较高，促进了土壤微生物的生长与繁殖，增强了土壤微生物固定氮素的效用。由于撒施使得土壤表层氮素含量相对较高，在降雨条件下，更易随径流流失，此时 T4 对氮素起"前控"作用。此阶段 T2、T3 和 T4 处理中溶解性氮(DN)和 NH$_4^+$-N 浓度呈现持续下降趋势，而 T1 则在一定范围内波动(图 7-1C、D)。

5月18日～7月16日，不同施肥处理TN、DN和NO$_3^-$-N浓度变化较一致，呈现"低—高—低"的趋势，且与降水量变化相对同步(图7-1A、B、D)。此时氮素浓度梯度呈现T2>T3>T4>T1。T3处理中TN最小值(4.84mg·L^{-1})仅为同期各处理中最大值的54.85%(图7-1A)。

7月16日～10月26日，各处理氮素浓度与降水量呈负相关关系(图7-1)，可能由于山核桃林地结构松散，可蚀性大，前期的降雨强度足以使大量的氮素随径流和泥沙迁移。各处理间氮素浓度变化表现为：T2>T1>T4>T3。此时有机肥效能发挥，增加了土壤中水稳性团聚体结构，增强了土壤对氮黏结吸附作用，从而降低了径流中氮素浓度，并且有机肥"全方位"调控作用大于撒施氮素流失风险。相对于撒施，沟施在这一阶段起着"后释"作用。

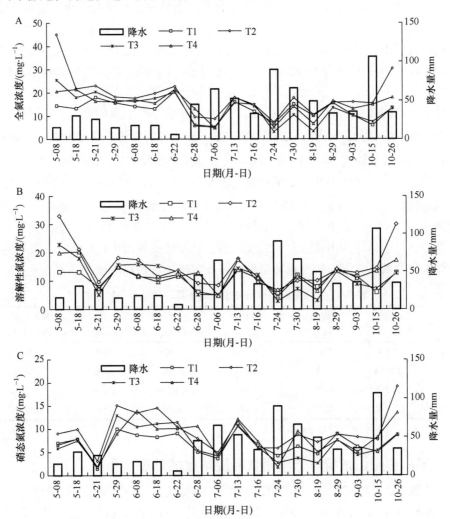

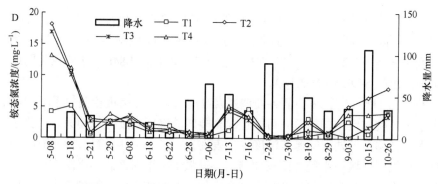

图 7-1　不同施肥山核桃林径流水中氮素浓度的动态变化

从表 7-1 中可知，与 T2 相比，T3 处理显著降低山核桃林土壤径流水 TN、DN 的浓度。T1、T3、T4 处理 TN 浓度仅占 T2 的 66.71%、71.42%和 80.52%。整个试验过程中，4 种处理的径流水 TN 平均浓度范围为 12.48～18.66mg·L^{-1}，DN 平均浓度范围为 10.43～14.82 mg·L^{-1}。相对于 T4 处理，T3 对 TN 表现出更好的固持效果，而 DN 浓度两者差异并没有 TN 明显。这可能是有机肥的撒施比起沟施对土壤结构改良起到"全方位"效果，从而减少颗粒态氮的流失。不同施肥处理 NO^{3-}-N 浓度大小顺序为 T2>T4>T1>T3。统计表明，各处理间 NO$_3^-$-N 的浓度没有显著差异。这与 NO^{3-}-N 为土壤非反应性离子以及有机肥的处理减少 NO$_3^-$-N 的积累有关，一般认为其与土壤颗粒间相互作用较弱，在降水径流的溶解和浸提下极易随之流失。各施肥处理 NH$_4^+$-N 流失浓度变化范围较大，变幅在 2.09～4.08mg·L^{-1}之间。在整个过程中，除铵态氮外，T1、T3 和 T4 氮素间的差异并不显著，这可能是因为山核桃专用肥能均衡、合理地提供给山核桃生长发育所需的各种大量元素，促进山核桃正常生长，提高山核桃对径流的抗侵蚀力。

表 7-1　不同施肥山核桃林径流水中氮、磷全年平均浓度

处理	总氮 /(mg·L^{-1})	溶解性氮 /(mg·L^{-1})	硝态氮 /(mg·L^{-1})	铵态氮 /(mg·L^{-1})	全磷 /(mg·L^{-1})	溶解性磷 /(mg·L^{-1})
T1	12.48b	10.43b	6.70a	2.09b	0.97b	0.46b
T2	18.66a	14.82a	9.43a	4.08a	1.39a	1.05a
T3	13.36b	10.97ab	6.70a	2.99ab	0.85b	0.58b
T4	15.06ab	12.21ab	8.18a	3.25a	0.84b	0.52b

注：同一行中不同字母表示差异显著(P<0.05)。

二、不同施肥山核桃林土壤磷素径流浓度的动态变化

从图 7-2 中可知，5 月 8 日 T2、T3 和 T4 处理径流水中的总磷(TP)浓度分别是不施肥的 4 倍、1.6 倍，1.5 倍。这说明山核桃林地常规施肥后遇降水，径流中

磷的污染浓度会急剧增大，山核桃专用肥的施用能有效减少磷流失的风险，而不同施肥方法对阻止磷的流失效果差别不大。试验期间径流水中 TP 和溶解性磷(DP)的变化规律基本一致，初期起伏较大，然后趋于稳定。浓度梯度呈由高到低的趋势。在整个试验过程中常规施肥处理径流水中磷浓度变化较大，而山核桃专用肥处理磷浓度变化相对比较平缓，反映出有机肥配施能有效降低磷的流失风险，稳定土壤中的 DP，增加植物对磷的吸收。

磷素的难迁移性决定了地表径流是磷素流失的最重要途径。试验表明，T2 的 TP、DP 与其他处理均存在显著性差异，而 T1、T3 和 T4 之间差异性并不明显，并且 T3、T4 处理的 TP 均小于 T1 处理的 TP(表 7-1)，可见山核桃专用肥在活化土壤磷素、减少颗粒态磷的效果上较为显著。相对于 T2 处理，T4 处理的 TP 平均浓度为 0.84mg·L^{-1}，减少了 39.78%。

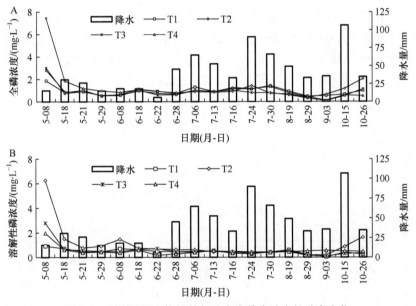

图 7-2 不同施肥山核桃林径流水中磷素浓度的动态变化

三、不同施肥山核桃林土壤氮磷径流形态特征

不同施肥山核桃林径流水的 DN 平均浓度占 TN 的 79.43%～83.60%，可见山核桃林氮素流失以 DN 为主。NO_3^--N 和 NH_4^+-N 是 DN 最主要的两种氮形态，试验表明，T1、T2、T3 和 T4 处理的径流水中 NO_3^--N 平均浓度占 TN 比例分别为 53.72%、50.55%、50.16%、54.35%。而 NH_4^+-N 平均浓度占 TN 比例相对较低。可见 NO_3^--N 是土壤氮素流失的主要形态，这与许多研究相类似。NH_4^+-N 在土壤中很容易被胶体吸附固定，且在一定条件下会因硝化作用向 NO_3^--N 转变。

　　由表 7-2 可知，不同施肥山核桃林 DP 平均浓度占 TP 比例表现为 T2>T3>T4>T1。可见施肥能引起径流水中 DP 的上升，在不施肥的条件下，磷的形态以颗粒态为主。此外，沟施能减少 DP 所占比例，这可能与表层土磷含量相关。

表 7-2　不同施肥山核桃林土壤径流水中不同形态氮磷占全氮磷比例

处理	DN/%	NO_3^--N/%	NH_4^+-N/%	DP/%
T1	83.60	53.72	16.78	47.65
T2	79.43	50.55	21.85	75.39
T3	82.11	50.16	22.40	68.09
T4	81.07	54.35	21.58	62.57

四、不同施肥山核桃林土壤氮磷径流流失负荷

　　氮(磷)径流流失负荷=径流水中氮(磷)素浓度×土壤径流水量。由图 7-3 可知，T2 处理 TN 累积流失负荷增长趋势最快，其次是 T3、T1 处理的增加趋势最平稳。这与施肥易使土壤氮素负荷增加的研究结论一致，T1 处理总氮流失负荷为 307.67g·hm^{-2}，其他各施肥处理为 336.37～523.41g·hm^{-2}，整个试验过程中，山

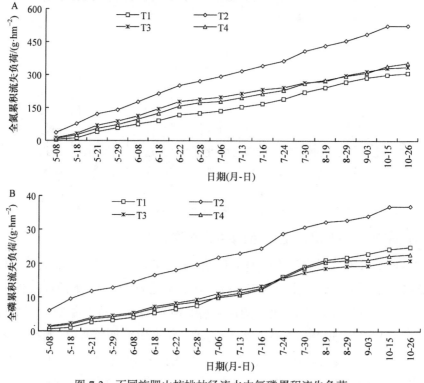

图 7-3　不同施肥山核桃林径流水中氮磷累积流失负荷

核桃专用肥对减少全氮流失负荷有明显功效。与常规肥相比，T3、T4 流失负荷分别减少了 187.04g·hm^{-2} 和 169.45g·hm^{-2}，下降了 35.73%和 32.37%(图 7-3A)。各处理间全磷流失负荷表现为 T2>T1>T4>T3。5 月 8～21 日，T2 流失负荷达到 11.81g·hm^{-2}，占试验全过程 P 流失总量的 32.04%。山核桃专用肥的施用能有效减少磷素流失，与常规施肥相比，T3、T4 处理分别下降了 43.37%、38.46%。

五、小结与讨论

不同施肥对山核桃林氮素径流流失处理效果呈现不同阶段性，随着施肥时间的推移，氮磷流失均呈现降低的趋势。山核桃专用肥的沟施能有效减少前期氮磷流失的风险，起到"前控"作用，而撒施对控制后期氮磷流失有良好效果，主要是由于有机肥的配施对土壤起到全方位的改良。整个过程中，常规施肥氮磷流失浓度始终达到最高水平。

DN 是氮素淋失的主要形态，平均浓度占 TN 的 79.43%～83.60%。而 NO$_3^-$-N 所占比例要大于 NH$_4^+$-N 所占比例。施肥能引起径流水中 DP 的上升。

常规施肥处理 TN 累积流失负荷增长趋势最快，其总氮流失负荷为 523.41g·hm^{-2}，山核桃专用肥的撒施和沟施流失负荷分别减少了 187.04g·hm^{-2} 和 169.45g·hm^{-2}，下降了 35.73%和 32.37%。风险期内常规施肥磷流失负荷达到 11.81g·hm^{-2}，占试验全过程 P 流失总量的 32.04%。山核桃专用肥的使用能有效减少磷素流失，与常规施肥相比，T3、T4 处理分别下降了 43.37%、38.46%。

第二节　施肥对山核桃林土壤养分渗漏的影响

近年来，国内外学者对土壤养分损失的途径、机制和影响进行了许多研究，其中氮渗漏流失是农田系统中氮素损失的重要途径之一，但对于林地养分的渗漏流失的报道则较少见。山核桃作为浙江省农业经济发展的支柱产业之一，随着经营强度的加大，林下灌木、草本已经基本毁损殆尽。再加上山核桃大多生长于坡度超过 25° 的山坡，土层薄，土壤保水、保肥性差，传统的施肥方式多为直接撒于林下，为了增产增收，林农过量施用化肥。

渗漏水是植物营养与水分供应主要来源，在降水量大的地区，由于土壤渗透性强、阳离子交换量低，则渗漏水的损失就是肥料损失的重要途径之一。山核桃根主要分布在 10～30cm 土层，以 30cm 作为山核桃根群系统界限，以下则视为损失。本节试验在常规施肥条件下，通过在浙江省临安区山核桃主产区埋设土壤溶液采集器采集渗漏水，定位监测和研究了山核桃林系统中养分渗漏流失的动态变化，探明山核桃面源污染的形成机理，为山核桃合理施肥和面源污染控制提供了技术支撑。

一、山核桃林土壤渗漏水中氮的动态变化

(一) 渗漏水中全氮和可溶性氮的动态变化

山核桃林土壤渗漏水中全氮、可溶性氮的动态变化见图 7-4。6~7 月全氮、可溶性氮均呈现前期浓度出峰期以及后期下降稳定期。初期全氮、可溶性氮的浓度相对较小，可能是由于化肥的分解转化过程复杂、周期较长所致，且部分肥料滞留在土壤表层；之后浓度到达峰值，伴随着土壤趋向"平衡态"，土体吸附的氮总量减少，其相应流失量也随之下降。至 7 月底，由于林农除草，破坏了土壤的地表覆盖，随之而来，土壤稳态被打破，微生物活动的增强，使得氮由吸附态向游离态转变，氮素流失增强。8 月底的施肥使全氮、可溶性氮又一次呈现"低—高—低"的趋势。

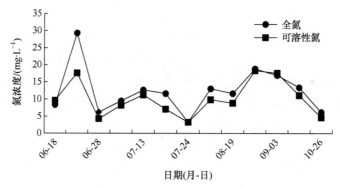

图 7-4　渗漏水中全氮、可溶性氮的动态变化

山核桃林土壤渗漏水中可溶性氮流失是其渗漏流失的主要形式，平均可溶性氮含量为 $10.17\text{mg} \cdot \text{L}^{-1}$，占全氮含量的 82.3%。

(二) 渗漏水中不同形态的氮的动态变化

1. 硝态氮的动态变化

施加复合肥对于渗漏水中硝态氮浓度有较明显的作用(图 7-5)，硝态氮含量也在 6 月 22 日达到峰值($13.41\text{mg} \cdot \text{L}^{-1}$)，之后逐渐下降，7 月 24 日之后又一次回升，在 9 月 3 日又一次达到高点，之后逐渐下降。究其原因，开始时化肥中的氮硝化进程迟缓，在 10 月中旬由于矿质化程度降低，导致硝态氮含量降低，呈现一定的季节性。6~11 月硝态氮渗漏流失为氮渗漏流失的主要形式，占全氮渗漏流失的 51.41%~99.43%。

2. 铵态氮的动态变化

由图 7-5 可知，化肥施入山核桃林土壤后，使其渗漏液铵态氮浓度迅速增加，其峰值出现在最初阶段为 $6.83\text{mg} \cdot \text{L}^{-1}$，随后很快下降，在第二次观测时铵态氮含量降低将近 50%，随后逐渐趋于平衡，浓度在 $0.51~2.08\text{mg} \cdot \text{L}^{-1}$ 范围内。究其原

因，一方面，由于土壤颗粒带负电、铵态氮带正电，所以土壤颗粒对铵态氮有一定的吸附能力；另一方面，当土壤对铵态氮的吸附量达到最大值时，即土壤对铵离子的吸附达到饱和时，在入渗水流的作用下铵态氮渗漏流失也很严重。然而 2次施肥后铵态氮变化不大，这是由 30cm 土层稳定性决定的。

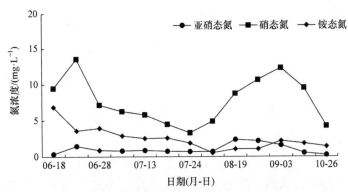

图 7-5　渗漏水中亚硝态氮、硝态氮、铵态氮的动态变化

二、山核桃林土壤渗漏水中磷的动态变化

山核桃林中的总磷和可溶性磷在施肥初期均达到最大值，见图 7-6。第一次所采集的样品中总磷为 1.37mg·L^{-1}，可溶性磷为 1.19mg·L^{-1}，随后逐渐降低，18d后水样可溶性磷和总磷，除小幅波动外，均趋于稳定。这种情况应当是水中磷素逐渐向土壤中迁移固定的结果。8 月总磷浓度持续下降而可溶性磷浓度升高，证明了表层除草，对土层下 30cm 的总磷浓度影响较小，而对磷的解吸起着促进作用。

6～11 月，总磷、可溶性磷平均含量分别为 0.65mg·L^{-1}、0.45mg·L^{-1}。Sharpley认为，进入湖泊或受纳水体的河流中总磷量不超过 0.05mg·L^{-1}，湖泊或受纳水体中的总磷量不超过 0.025mg·L^{-1}，才能控制水体的富营养化。而山核桃林渗漏水中总磷、可溶性磷均超过临界值，应当引起重视。渗漏水中可溶性磷占总磷含量的 69.82%，可溶性磷为磷渗漏流失的主要形式。由图 7-6 可知，6～11 月，渗漏水中正磷酸盐的含量在 0.003～0.445mg·L^{-1}，可能是由于受 pH、土壤质地、总磷含量、降水量以及磷的解吸能力的综合影响，导致正磷酸盐与总磷、可溶性磷不呈线性关系。

三、山核桃林土壤渗漏水中不同盐类的动态变化

(一) 土壤渗漏水中氟盐的动态变化

由表 7-3 可知，6～11 月，土壤渗漏水中氟盐浓度差异性不大，浓度变化呈现相对稳定，其流失量在 0.26～0.53mg·L^{-1} 范围内，可见施肥并未改变山核桃林土壤氟盐的渗透量。

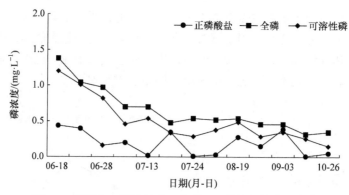

图 7-6　渗漏水中可溶性磷、全磷、正磷酸盐的动态变化

(二) 土壤渗漏水中氯盐的动态变化

由表 7-3 可见，6～11 月氯盐浓度由最初的 4.37mg·L⁻¹ 逐渐下降，最终趋于相对平衡。这是因为氯离子是化肥中的常见离子，且残留在土壤中的氯离子常以离子态存在。

(三) 土壤渗漏水中硫酸盐的动态变化

由表 7-3 可见，6～11 月，山核桃林土壤渗漏水硫酸盐浓度的动态变化规律与氯盐相似。硫酸盐浓度由最初的 12.45mg·L⁻¹ 迅速下降，最终稳定在 3.77～7.48mg·L⁻¹ 范围内。可见硫酸盐与土壤的亲和力大于化肥中的氯离子、硫酸根离子等强酸性阴离子的施入导致土壤 pH 下降，改变了土壤物理性状，影响了土壤微生物活动。

表 7-3　渗漏水中氟盐、氯盐、硫酸盐浓度动态变化

日期/(月-日)	盐浓度/(mg·L⁻¹)		
	氟盐	氯盐	硫酸盐
06-18	0.34±0.05	4.37±0.87	12.45±1.17
06-22	0.41±0.13	2.42±0.91	12.26±2.60
06-28	0.29±0.12	1.44±0.69	3.61±1.49
07-06	0.34±0.03	1.36±0.30	4.02±0.67
07-13	0.34±0.01	1.47±0.43	3.77±0.65
07-16	0.31±0.18	1.19±0.47	4.38±1.70
07-24	0.26±0.10	0.97±0.32	4.12±2.11
07-30	0.36±0.02	1.59±0.46	7.48±1.42
08-19	0.40±0.12	2.53±0.45	5.98±1.41
08-29	0.35±0.13	2.00±0.47	5.64±1.97
09-03	0.53±0.20	2.79±0.43	5.64±1.42
10-15	0.38±0.12	2.29±0.84	9.13±1.45
10-26	0.27±0.10	2.15±0.34	4.36±1.84

(四) 土壤渗漏水中钾盐、镁盐、钙盐的动态变化

由图 7-7 可知，钙盐流失强度最大，钾盐流失强度中等，镁盐流失强度最小。施肥后，渗漏水中的钾、镁、钙盐均有提高，这可能是因为施用大量化肥，使养分输入量大大超过其需求量，土壤阳离子损失急剧增加。6～11 月，三者动态变化规律基本一致，其中渗漏水中钙、镁、钾盐淋失浓度的最高值分别为 $23.66mg \cdot L^{-1}$、$6.83mg \cdot L^{-1}$、$15.19mg \cdot L^{-1}$，最小值分别为 $4.80mg \cdot L^{-1}$、$0.27mg \cdot L^{-1}$、$3.34mg \cdot L^{-1}$，平均值分别为 $12.84mg \cdot L^{-1}$、$4.11mg \cdot L^{-1}$、$7.5mg \cdot L^{-1}$。

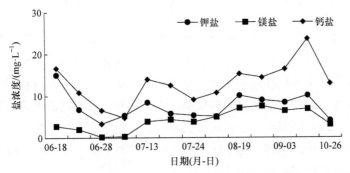

图 7-7　土壤渗漏水中钾盐、镁盐、钙盐的动态变化

四、小结与讨论

山核桃林土壤中渗透水中的总氮、可溶性氮、硝态氮、亚硝态氮均呈现相近的规律，即呈现前期浓度出峰期以及后期下降稳定期，但滞后于铵态氮，这可能是因为土壤对铵盐的吸附达到饱和之后，较高浓度的含铵态氮溶液对其硝化作用具有一定的抑制作用。在没有任何干扰下，各种形态的氮渗透量随时间逐渐减小。在 2 次施肥后，渗透水中的总氮、可溶性氮、硝态氮、亚硝态氮浓度逐渐趋向"低—高—低"，因此对施肥后氮素流失进行监控显得极其重要，以防止地下水污染。而铵态氮，在化肥施入土壤后，其浓度迅速增加，然后逐渐下降趋于平衡。一般情况下渗漏水中的硝态氮>铵态氮>亚硝态氮。硝态氮与亚硝态氮的动态变化基本一致。6～11 月，渗漏水中硝态氮平均含量为 $7.7mg \cdot L^{-1}$，占全氮的 65.25%，故硝态氮的流失是渗滤流失的主要形式。

山核桃林土壤中的总磷和可溶性磷在施肥初期均达到最大值，随后逐渐降低，18d 后水样可溶性磷和总磷，除小幅波动外，均趋于稳定。总磷、可溶性磷平均含量分别为 $0.68mg \cdot L^{-1}$、$0.56mg \cdot L^{-1}$。

6~11 月，土壤渗漏水中氟盐浓度变化呈现相对稳定，浓度(c)范围在 0.26~0.53mg·L^{-1}。山核桃林土壤渗漏水硫酸盐浓度的动态变化规律与氯离子相似，都是化肥施入土壤后，其浓度迅速增加，继而逐渐下降趋于平衡。化肥施用，导致土壤中氯离子、硫酸根离子等强酸性阴离子的增加，使得土壤 pH 下降，就这一点来讲，也应该控制化肥的施入量。山核桃林土壤渗漏水中 $c(Ca^{2+})>c(K^+)>c(Mg^{2+})$，三者动态变化规律基本相近，其平均浓度分别为 12.84mg·L^{-1}、7.5mg·L^{-1}、4.11mg·L^{-1}。

第三节　植物篱对山核桃林土壤养分渗漏流失的影响

植物篱技术作为一种农业面源污染的源头控制技术，已在我国受到许多研究者与政府部门的重视，目前仍处于起步阶段。目前相关文献对植物篱控制农业面源污染的研究大多停留在地表径流和土壤侵蚀的层面，而对在植物篱作用下林地土壤中氮磷等污染物质渗流流失的报道较少。此外，植物篱植被选择较难，虽然目前国内外已经有一些成功的模式可供参考，但由于区域的土壤、气候、地形等环境因素不同，所选的植被也不同，因而需要针对不同区域，研究适合其地域特点的植物篱种植模式。

本节试验通过设置不同植物类型的植物篱，开展植物篱控制山核桃林地氮磷污染现场研究，旨在摸清不同植物篱在减少山核桃林地土壤氮磷渗漏流失中的作用，明确其对氮磷污染物的实际去除效果，以期为山核桃的可持续发展和植物篱控制面源污染技术的研究和应用提供技术支撑。

一、不同植物篱土壤渗漏水氮磷浓度的动态变化

不同植物篱与初始渗漏水氮素浓度动态变化呈现相对一致的规律性：自 6 月初施肥以后，山核桃林地在持续的降雨淋洗作用下，土壤氮素大量渗漏淋失，于 6 月 22 日达到最大值，而后在较小范围内呈波浪形变化，直至 8 月 29 日，TN 浓度又呈现明显的峰值。整个过程中，不同植物篱全氮浓度梯度大致为 T4>T3>T2 ≈T1，且篱前浓度均高于篱后，不过 T4 全氮浓度不仅在规律上与初始浓度保持一致，其浓度量有半数时间与初始浓度保持一致。图 7-8A、B 为不同植物篱的 TN 和 DN 随取样时间的变化，从图中可以看出，TN 与 DN 浓度变化较一致，两者呈极显著的相关关系($P<0.01$)(表 7-4)。

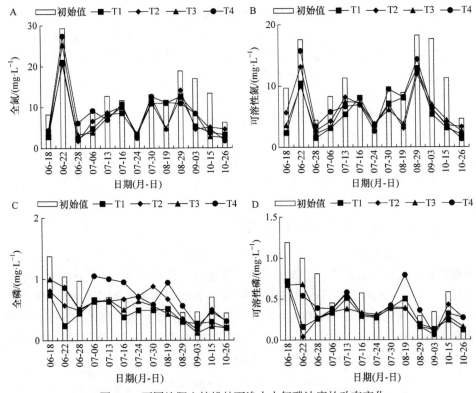

图 7-8　不同施肥山核桃林下渗水中氮磷浓度的动态变化

表 7-4　TN 和 DN 相关关系及 TP 和 DP 相关关系

相关系数	TN 和 DN	TP 和 DP
T1	0.87**	0.88**
T2	0.92**	0.62*
T3	0.78**	0.90**
T4	0.87**	0.67*

　　T1、T3 处理，全氮、可溶性氮浓度最大值所呈现的时间段不一致。其中，全氮最大值出现在 6 月 22 日，分别为 21.07mg·L^{-1}、25.25mg·L^{-1}，而可溶性总氮最大值则出现在 8 月 29 日，分别占 T4 的 90.0%、88.2%(图 7-8A、B)。这很可能跟植被的习性有关，6 月雷竹地下鞭开始生长并且为草本生长旺季，其所需可溶性氮量增加，因此，可溶性氮最大值与全氮最大值出现时间段不同。

　　相对于其他植物篱处理，T1 渗漏水中 TP 浓度变化呈现最为平稳的态势，对降水量的变化有着较好的抗性，其次为 T3 处理。T4 处理 TP 浓度随降水量变化波动幅度最大，变幅在 0.23～1.04mg·L^{-1} 之间，甚至在 7 月 6 日至 8 月 29 日期间均超过初始浓度，反映出在没有植被拦截情况下，降雨持续入渗，被土壤吸附的磷越来越多地被解吸溶出而淋失,即水分运移过程中,渗漏水中的磷素还有累积风险(图 7-8C)。7 月 30 日至 8 月 19 日期间,对照淋失的 TP 和 DP 最为明显,这是因为在缺少植被覆盖时,土壤缺少水分涵养,叶层对悬浮颗粒的有效拦截弱,较植被覆盖存在更多的裂隙,土壤中磷素尤其是颗粒态磷直接通过非毛管孔隙输送至地下水源。同时,干湿交替加剧的干期时间,导致养分大量流失。

TP 与 DP 浓度变化较一致,两者呈(极)显著正相关关系。TP 和 DP 最大淋失浓度均存在于 T4 处理,分别为 $1.04mg \cdot L^{-1}$、$0.79mg \cdot L^{-1}$,是当次降雨最小值的 1.65 倍、2.05 倍(图 7-8C、D)。以 GB3838—2002《地表水环境质量标准》中总磷(以 P 计)V 类标准限值 $0.4mg \cdot L^{-1}$ 为分水岭,低于该值的次数 T1 占 46%,T2 占 23%,T3 占 31%,而 T4 仅占 15%。

二、不同植物篱对渗漏水氮磷拦截率

不同植物篱对 TN 的平均拦截率表现为 T1>T2>T3>T4(图 7-9A),这是由于植被根系较发达且分布密集,增加了土壤的渗透力并有利于微生物对污染物的吸收转化。其中 T1 处理 TN、DN 拦截率显著高于 T4,其效果分别是 T4 的 2.04 倍、1.84 倍,表现为雷竹对 TN 有很好的拦截能力。不同植物篱渗漏水 DN 平均拦截率介于 24.33%~48.47%之间,而 T1、T2、T3 植被根系吸收和根际效应处理 DN 分别为 22.14%、18.04%、17.6%(图 7-9B)。

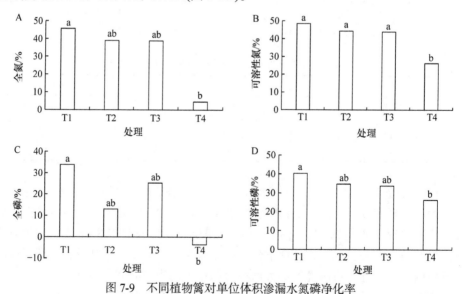

图 7-9　不同植物篱对单位体积渗漏水氮磷净化率

不同英文字母表示处理间差异达 5%显著水平

T4 处理单位体积 TP 平均净化率为−3.47%,主要体现在对颗粒态磷效果较差,反映出水分运移过程中,在没有植被覆盖情况下,对照对 TP 没有起到净化效果,反而有累积释放风险。而不同植物篱对 TP 则有不同程度的净化效果。其中，T1 对渗流中 TP 的净化效果尤为明显，最高净化率为 33.9%，T3 最低为 13.0%(图 7-9C)。T1、T2、T3 对 DP 净化效果分别为 T4 的 1.96 倍、1.69 倍、1.64 倍。T1、T4 对 TP、DP 净化效果有显著差异(图 7-9C、D)。

三、不同植物篱渗漏水氮磷形态比例

不同植物篱渗漏水的 DN 平均浓度占 TN 的 74.30%～81.57%，可见氮素流失以 DN 为主。对于 DN 而言，包括了 3 种形态的氮，即 NO_3^--N、NH_4^+-N 和可溶性有机氮(DON)。试验结果表明(表 7-5)，T1、T2、T3 和 T4 处理渗漏水中 NO_3^--N 平均浓度占 TN 比例分别为 21.18%、23.26%、21.82%、20.10%。与源土壤渗漏 NO_3^--N/TN 为 61.23%相比，植物篱处理 NO_3^--N 的相对比例均有不同程度降低。这表明植物篱对氮素的拦截主要体现在去除硝态氮上。不同植物篱 NH_4^+-N 所占比例波动范围较大，为 6.85%～11.45%。试验结果表明 DON 占全氮比例大小顺序为：荒地>草地>林地>高施肥的菜地和果园，渗漏水中 DON 所占比例最大，不同植物篱 DON 比例依次为 43.70%、47.62%、48.30%、50.21%。

表 7-5　不同植物篱渗漏水中氮磷形态比例

氮(磷)形态	不同形态氮磷占全氮磷比例/%			
	T1	T2	T3	T4
DN	74.30	81.20	81.57	77.17
NO_3^--N	21.18	23.26	21.82	20.10
NH_4^+-N	9.42	10.32	11.45	6.85
DON	43.70	47.62	48.30	50.21
DP	90.28	75.06	88.64	76.80

本文中 4 种处理 DP 平均浓度占 TP 比例表现为 T1>T3>T4>T2>75%，可见 DP 是不同植物篱磷素的主要淋失形态。

四、不同植物篱渗漏流失负荷

Sharpley 和 Smith 研究发现，清耕等保护性耕作，能减少地表径流中总氮和总磷损失，而可溶性养分迁移却有增加的趋势。本研究结果显示，植物篱在增加土壤剖面水分入渗的同时，各植物篱间养分淋失差别并不明显，即 T1、T2、T3 处理的可溶性氮分别为 8.32kg·hm^{-2}、8.04kg·hm^{-2}、8.12kg·hm^{-2}；T1、T2、T3 处理的可溶性磷分别为 0.47kg·hm^{-2}、0.50kg·hm^{-2}、0.45kg·hm^{-2}。

五、不同植物篱氮磷系统拦截负荷

本研究中植物篱根系深度依次为雷竹>红叶石楠>杂草。雷竹属浅根性植物，竹鞭根系摄取养分主要集中在 0～30cm 土层，因此把离地表 30cm 深度的土层线作为养分淋失的界限，超越此界限往下渗漏的氮磷视为养分淋失。

缓冲带的氮(磷)拦截负荷计算公式：

氮(磷)拦截负荷 $=\sum$(初始渗流浓度−缓冲带渗流浓度)×土壤下渗水量

T4 总氮系统拦截负荷为 $4.1kg \cdot hm^{-2}$,其他植物篱处理为 $6.95\sim7.52kg \cdot hm^{-2}$,与对照相比，T1、T2 和 T3 全氮拦截分别增加 $3.42kg \cdot hm^{-2}$、$3.11kg \cdot hm^{-2}$ 和 $2.85kg \cdot hm^{-2}$，增强了 83.42%、75.85%和69.61%。各处理间对可溶性氮拦截负荷表现为 T1>T3>T2>T4(表 7-6)，可见植物篱对氮素表现出较好的拦截效果，其中以雷竹效果最优。

土壤中的磷素吸附-解吸存在一个动态平衡，在降水的大量淋洗下，解吸大于吸附效果，土壤中磷素被淋洗出来，因此裸地对 TP 基本不起拦截效果，反而被淋洗出 $0.03kg \cdot hm^{-2}$，DP 拦截效果仅为 $0.09kg \cdot hm^{-2}$。植物篱则主要通过土壤吸附、植物吸收和与重金属沉淀等机理储存磷。同氮素，T1 对 TP、DP 拦截效果最佳，其中 DP 拦截效果是 T4 的 3.34 倍(表 7-6)。

表 7-6　不同植物篱氮磷拦截负荷

处理	氮磷拦截负荷/$(kg \cdot hm^{-2})$			
	TN	DN	TP	DP
T1	7.52	7.09	0.34	0.30
T2	7.21	6.28	0.14	0.28
T3	6.95	6.45	0.29	0.28
T4	4.10	4.11	−0.03	0.09

六、小结与讨论

雷竹植物篱在滞缓径流、增加渗流量土壤剖面的水分入渗的同时养分流失量较少，在净化氮磷浓度方面，对氮磷总量拦截有着显著效果，而对照效果最差，红叶石楠和黑麦草居中，效果不如雷竹显著。

整个过程不同植物篱全氮浓度梯度大致为裸地>黑麦草>红叶石楠~雷竹，且均低于山核桃林地浓度。在缺少植被覆盖下，全磷、可溶性磷流失浓度随干期的延长而有增长趋势。

不同植物篱渗漏水的 DN 平均浓度占 TN 的 74.30%~81.57%，其中植物篱处理硝氮比例要高于裸地。DP 为不同植物篱磷素流失的主要形态。

各植物篱对渗漏水氮、磷的拦截效果不同。其对氮素拦截率高且稳定，介于22.43%~45.73%；对总磷有一定的净化作用，但在没有植被覆盖条件下，磷反而有流失风险。

对照的总氮拦截负荷为 $4.1kg \cdot hm^{-2}$，植物篱处理为 $6.95\sim7.52kg \cdot hm^{-2}$，可见植物篱对氮素表现出较好的拦截效果，其中以雷竹为最优。同样，雷竹对 TP、DP 拦截效果最佳，其中 DP 拦截效果是裸地的 3.34 倍。

第八章　土壤微生物多样性与山核桃干腐病

近年来，多数山核桃农户采取了过度经营模式，导致山核桃林地植被遭到破坏、水土流失严重、微生物多样性减少、病虫害日趋严重，特别是山核桃干腐病的暴发和大面积蔓延已对山核桃产业可持续发展构成严重威胁。

山核桃干腐病的综合防治研究表明，虽然化学农药防治能取得一定的效果，但其根本途径还是在栽培过程中利用合理的技术措施，以使山核桃树木健康成长，具有较强的抗病性。

针对当前山核桃生产中出现的干腐病严重危害、林分生长大面积衰退和山核桃产量及品质明显下降等问题，本节试验通过对杭州市山核桃主产区林地土壤生产性能和干腐病感病情况进行调查，重点开展土壤主要化学性质与干腐病发生关系研究，通过比较生态经营和过度经营的山核桃林中的干腐病感病指数、土壤微生物多样性、pH 及养分差异，并与经营模式进行相关性分析，以期寻求山核桃树健康生长的关键因子，建立科学的山核桃林可持续经营模式，从而促进山核桃产业稳定发展。

第一节　不同经营模式山核桃林土壤肥力与感病指数

对生态经营和过度经营模式下的 6 块山核桃林样地的感病指数进行统计分析，结果表明，生态经营山核桃林感病指数为 3.33，显著低于感病指数为 81.93 的过度经营山核桃林($P<0.05$)。

表 8-1 列出了不同经营模式山核桃林土壤 pH 与养分含量差异，经单因素方差分析，可见两种经营模式的山核桃林土壤 pH 和速效磷、速效钾、速效氮含量差异均为显著。生态经营山核桃林土壤 pH 为 6.64，接近中性，显著高于土壤呈酸性、pH 为 5.80 的过度经营山核桃林。过度经营山核桃林土壤的速效磷(AP)、速效钾(AK)与速效氮(AN)含量分别为 18.10mg · kg^{-1}、698.63mg · kg^{-1} 和 227.13mg · kg^{-1}，均显著高于含量分别为 14.94mg · kg^{-1}、497.13mg · kg^{-1} 和 195.28mg · kg^{-1} 的生态经营山核桃林土壤($P<0.05$)。过度经营和生态经营山核桃林土壤的有机碳(OC)含量分别为 37.57g · kg^{-1} 和 36.27g · kg^{-1}，无显著差异。

表 8-1　不同经营模式山核桃林土壤 pH 与养分含量差异

经营模式	pH	速效磷 /(mg·kg^{-1})	速效钾 /(mg·kg^{-1})	速效氮 /(mg·kg^{-1})	有机碳 /(g·kg^{-1})
生态经营	6.64±0.06a	14.94±0.27b	497.13±6.19b	195.28±6.01b	36.27±1.58a
过度经营	5.80±0.04b	18.10±0.58a	698.63±11.24a	227.13±3.81a	37.57±6.13a

注：表中数据为平均值±标准差(n=3)，同一列不同小写字母表示在 0.05 水平下差异显著(P<0.05)。

第二节　不同土壤肥力山核桃林土壤细菌多样性

一、α-多样性差异

(一) 土壤细菌 OTU 数目差异

高通量测序结果 NCBI 序列号为 SRP127701。在拼接、过滤和去嵌合体处理后，经单因素方差分析得到表 8-2。由表 8-2 可知生态经营山核桃林土壤的总序列数、有效 tags 和 OTU 数目分别为 64 777、54 667 和 3786，均高于总序列数、有效 tags 和 OTU 数目分别为 60 555、51 470 和 3569 的过度经营山核桃林，但差异均不显著。

表 8-2　不同经营模式山核桃林土壤细菌 OTU 数目差异

经营模式	总序列数	有效 tags	OTU
生态经营	64 777±4 595a	54 667±4 084a	3 786±82a
过度经营	60 555±1 634a	51 470±1 754a	3 569±128a

通过维恩图分析不同经营模式山核桃林各样地土壤细菌中共有和特有的 OTU 数差异，得到图 8-1。图中每个圈代表一个样地，圈和圈的重叠部分代表共有的 OTU 数目，没有重叠的部分代表特有的 OTU 数目。

图 8-1A 是生态经营山核桃林各样地土壤细菌 OTU 的维恩图，由图可知，生态经营山核桃林各样地共有的 OTU 数目多达 2189 个；样地 1 和样地 2 共有的 OTU 数目是 427 个；样地 2 和样地 3 共有的 OTU 数目是 384 个；样地 1 和样地 3 共有的 OTU 数目是 341 个。

图 8-1B 是过度经营山核桃林各样地土壤细菌 OTU 的维恩图，由图可知，过度经营山核桃林各样地共有的 OTU 数目多达 2007 个；样地 4 和样地 5 共有的 OTU 数目是 484 个；样地 4 和样地 6 共有的 OTU 数目是 321 个；样地 5 和样地 6 共有的 OTU 数目是 268 个。

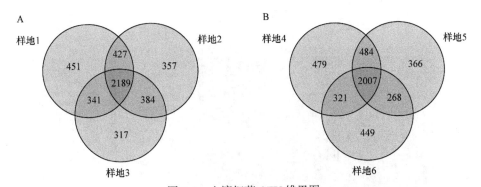

图 8-1 土壤细菌 OTU 维恩图

A. 生态经营山核桃林样地；B. 过度经营山核桃林样地

（二）土壤细菌群落结构差异

根据所有样品在属水平的物种注释及相对多度信息，选取相对多度排名前 35 的属，从物种和样品两个方面进行聚类，绘制成热图(图 8-2)。由图 8-2 可知，在属水平上，生态经营山核桃林土壤有 14 个主要菌属，分别为 *Blastocatella*，*Lysobacter*(溶杆菌属)、*Nitrospira*(硝螺旋菌属)、*Roseiflexus*(玫瑰弯菌属)、*Steroidobacter*、*Arthrobacter*(节杆菌属)、*Phenylobacterium*(苯基杆菌属)、*Sphingomonas*(鞘氨醇单胞菌属)、*Gaiella*、*Mycobacterium*(分枝杆菌属)、*Solirubrobacter*(土壤红杆菌属)、*Pedomicrobium*(土微菌属)、*Variibacter*(变杆菌属)、*Micromonospora*(小单孢菌属)；过度经营山核桃林有 21 个主要菌属，分别为 *Aquicella*、*Reyranella*(雷氏杆菌属)、木洞菌属(*Woodsholea*)、*Gemmatimonas*(芽单胞菌属)、*Flavobacterium*(黄杆菌属)、*Haliangium*、*Candidatus Entotheonella*、*Pseudomonas*(假单胞菌属)、*Bacillus*(芽孢杆菌属)、*Rhodoplanes*(红游动菌属)、*Archangium*(原囊菌属)、*Sorangium*(堆囊菌属)、*Bradyrhizobium*(慢生根瘤菌属)、*Acidibacter*(酸杆菌属)、*Acidothermus*(热酸菌属)、*Candidatus Solibacter*、*Rhizomicrobium*(根瘤菌属)、*Burkholderia*(伯克霍尔德氏菌属)、*Phaselicystis*、*Bryobacter*、*Rhodanobacter*(红杆菌属)。

由图 8-2 可知不同经营模式山核桃林土壤主要细菌门的分布情况，经单因素方差分析可知两种经营模式山核桃林土壤主要细菌门所占比例差异显著。生态经营山核桃林土壤中,放线菌门、硝化螺旋菌门、绿弯菌门所占的比例分别为 35.7%、7.1%、7.1%，均显著高于该 3 个菌门所占比例分别为 4.8%、0、0 的过度经营山核桃林土壤；而过度经营山核桃林土壤中变形菌门、酸杆菌门、芽单胞菌门、拟杆菌门、厚壁菌门所占比例分别为 71.4%、9.5%、4.8%、4.8%、4.8%，均显著高于该 5 个菌门在生态经营山核桃林土壤中所占的比例(分别为 42.9%、7.1%、0、0、0)($P<0.05$)。

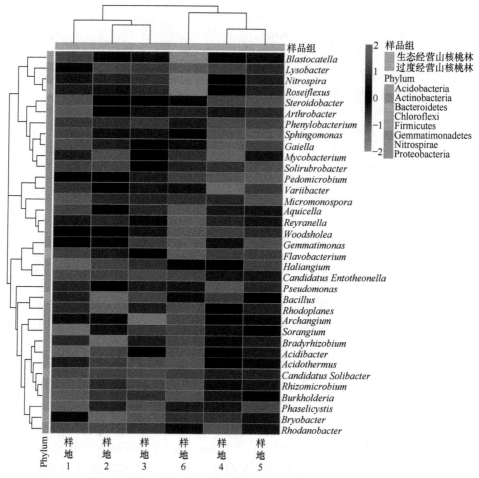

图 8-2　不同经营模式山核桃林土壤细菌物种相对多度聚类图

热图对应的值为每一行物种相对多度经过标准化处理后得到的 Z 值

(三) 土壤细菌群落 α-多样性指数差异

稀释曲线一般用来描述组内样地的微生物多样性,可反映样地中物种的丰富度。由图 8-3 可知,所有样地细菌的 OTU 数目与测序量成正比,且随着测序深度的增加,曲线趋于平缓。比较不同样地的曲线可知,样地 1 和样地 2 的 OTU 数目最多,样地 5 和样地 6 的 OTU 数目最少,与图 8-1 的结果一致。

对不同细菌样品在 97%序列一致性水平下 OTU 的 α-多样性指数进行统计,得到表 8-3。总体来说,样地 1、样地 2 和样地 3 的细菌群落多样性均高于样地 4、样地 5 和样地 6,其中样地 1 的细菌群落多样性最高;样地 1 和样地 2 的细菌群落丰富度均高于样地 5 和样地 6,而样地 4 的细菌群落丰富度最高、多样性低,说明样地 4 细菌物种丰富但分布不均匀。

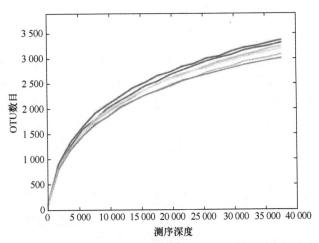

图 8-3　不同经营模式山核桃林各样地细菌 OTU 数的稀释曲线

表 8-3　不同经营模式山核桃林各样地土壤细菌多样性指数

样地	多样性指数			
	Ace	Chao	Shannon	Simpson
1	4277	4255	9.990	0.9973
2	4276	4143	9.828	0.9969
3	4040	3953	9.766	0.9967
4	4354	4324	9.736	0.9968
5	4063	4057	9.627	0.9965
6	3714	3716	9.583	0.9961

对不同经营模式山核桃林各样地土壤细菌多样性指数进行单因素方差分析，所得结果如表 8-4 所示。由表 8-4 可知，生态经营山核桃林土壤的 Ace、Chao、Shannon 以及 Simpson 指数分别为 4198、4117、9.861 和 0.9969，均高于 4 个指数分别为 4044、4032、9.648 和 0.9965 的过度经营山核桃林土壤，但差异均不显著。

表 8-4　不同经营模式山核桃林土壤细菌多样性指数差异

经营模式	多样性指数			
	Ace	Chao	Shannon	Simpson
生态经营	4198±136.8a	4117±152.6a	9.861±0.116a	0.9969±0.0003a
过度经营	4044±320.2a	4032±304.6a	9.648±0.079a	0.9965±0.0003a

二、β-多样性差异

(一) 土壤细菌主要菌群差异

选取每个样地土壤细菌相对多度前十的属，在不同分类水平上进行物种分类树统计，得到图 8-4。由图可知，不同经营模式山核桃林各样地细菌相对多度前三的菌门一致，均为变形菌门、酸杆菌门和硝化螺旋菌门，且所有样地相对多度前十的菌属也相同，均为鞘氨醇单胞菌属、*Haliangium*、硝化螺旋菌属、*Bryobacter*、*Candidatus Solibacter*、慢生根瘤菌属、雷氏杆菌属、*Blastocatella*、土微菌属和酸杆菌属。

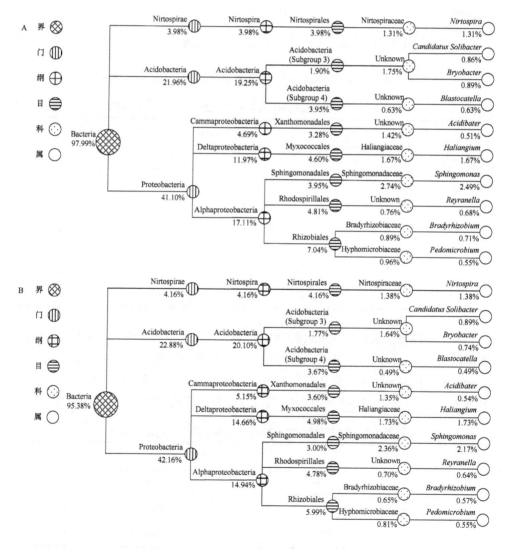

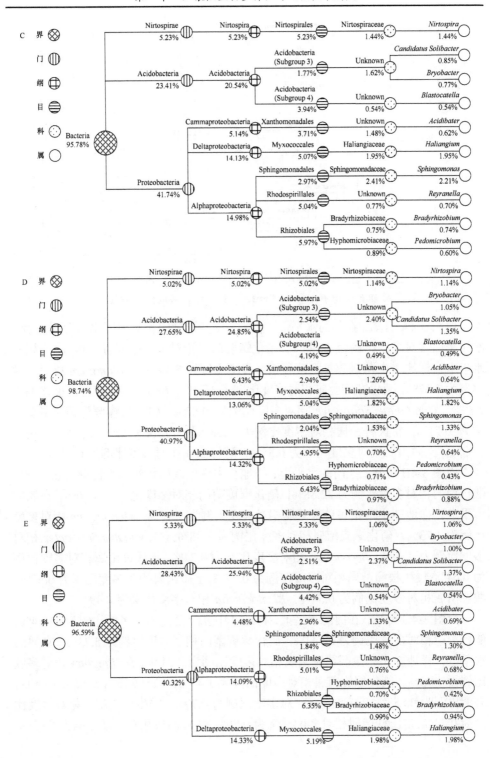

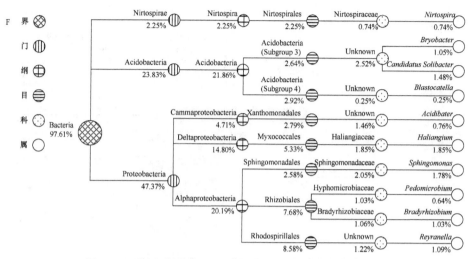

图 8-4　不同经营模式山核桃林各样地细菌特定物种分类树

A. 样地 1；B. 样地 2；C. 样地 3；D. 样地 4；E. 样地 5；F. 样地 6

　　由图 8-4A 可知，在门的水平上，样地 1 中变形菌门相对多度比例为 41.10%，酸杆菌门相对多度比例为 21.96%，硝化螺旋菌门相对多度比例为 3.98%。在属的水平上，样地 1 中鞘氨醇单胞菌属相对多度比例为 2.49%，*Haliangium* 相对多度比例为 1.67%，硝化螺旋菌属相对多度比例为 1.31%，*Bryobacter* 相对多度比例为 0.89%，*Candidatus Solibacter* 相对多度比例为 0.86%，慢生根瘤菌属相对多度比例为 0.71%，雷氏杆菌属相对多度比例为 0.68%，*Blastocatella* 相对多度比例为 0.63%，土微菌属相对多度比例为 0.55%，酸杆菌属相对多度比例为 0.51%。

　　由图 8-4B 可知，在门的水平上，样地 2 中变形菌门相对多度比例为 42.16%，酸杆菌门相对多度比例为 22.88%，硝化螺旋菌门相对多度比例为 4.16%。在属的水平上，样地 2 中鞘氨醇单胞菌属相对多度比例为 2.17%，*Haliangium* 相对多度比例为 1.73%，硝化螺旋菌属相对多度比例为 1.38%，*Candidatus Solibacter* 相对多度比例为 0.89%，*Bryobacter* 相对多度比例为 0.74%，雷氏杆菌属相对多度比例为 0.64%，慢生根瘤菌属相对多度比例为 0.57%，土微菌属相对多度比例为 0.55%，酸杆菌属相对多度比例为 0.54%，*Blastocatella* 相对多度比例为 0.49%。

　　由图 8-4C 可知，在门的水平上，样地 3 中变形菌门相对多度比例为 41.74%，酸杆菌门相对多度比例为 23.41%，硝化螺旋菌门相对多度比例为 5.23%。在属的水平上，样地 3 中鞘氨醇单胞菌属相对多度比例为 2.21%，*Haliangium* 相对多度比例为 1.95%，硝化螺旋菌属相对多度比例为 1.44%，*Candidatus Solibacter* 相对多度比例为 0.85%，*Bryobacter* 相对多度比例为 0.77%，慢生根瘤菌属相对多度比例为 0.74%，雷氏杆菌属相对多度比例为 0.70%，酸杆菌属相对多度比例为 0.62%，土微菌属相对多度比例为 0.60%，*Blastocatella* 相对多度比例为 0.54%。

由图 8-4D 可知，在门的水平上，样地 4 中变形菌门相对多度比例为 40.97%，酸杆菌门相对多度比例为 27.65%，硝化螺旋菌门相对多度比例为 5.02%。在属的水平上，样地 4 中 *Haliangium* 相对多度比例为 1.82%，*Candidatus Solibacter* 相对多度比例为 1.35%，鞘氨醇单胞菌属相对多度比例为 1.33%，硝化螺旋菌属相对多度比例为 1.14%，*Bryobacter* 相对多度比例为 1.05%，慢生根瘤菌属相对多度比例为 0.88%，酸杆菌属相对多度比例为 0.64%，雷氏杆菌属相对多度比例为 0.64%，*Blastocatella* 相对多度比例为 0.49%，土微菌属相对多度比例为 0.43%。

由图 8-4E 可知，在门的水平上，样地 5 中变形菌门相对多度比例为 40.32%，酸杆菌门相对多度比例为 28.43%，硝化螺旋菌门相对多度比例为 5.33%。在属的水平上，样地 5 中 *Haliangium* 相对多度比例为 1.98%，*Candidatus Solibacter* 相对多度比例为 1.37%，鞘氨醇单胞菌属相对多度比例为 1.30%，硝化螺旋菌属相对多度比例为 1.06%，*Bryobacter* 相对多度比例为 1.00%，慢生根瘤菌属相对多度比例为 0.94%，酸杆菌属相对多度比例为 0.69%，雷氏杆菌属相对多度比例为 0.68%，*Blastocatella* 相对多度比例为 0.54%，土微菌属相对多度比例为 0.42%。

由图 8-4F 可知，在门的水平上，样地 6 中变形菌门相对多度比例为 47.37%，酸杆菌门相对多度比例为 23.83%，硝化螺旋菌门相对多度比例为 2.25%。在属的水平上，样地 6 中 *Haliangium* 相对多度比例为 1.85%，鞘氨醇单胞菌属相对多度比例为 1.78%，*Candidatus Solibacter* 相对多度比例为 1.48%，雷氏杆菌属相对多度比例为 1.09%，*Bryobacter* 相对多度比例为 1.05%，慢生根瘤菌属相对多度比例为 1.03%，酸杆菌属相对多度比例为 0.76%，硝化螺旋菌属相对多度比例为 0.74%，土微菌属相对多度比例为 0.64%，*Blastocatella* 相对多度比例为 0.25%。

在不同分类水平上，对两种经营模式下的山核桃林土壤细菌物种相对多度进行单因素方差分析。结果表明，在目水平上，生态经营山核桃林土壤细菌中黄单胞菌目、鞘氨醇单胞菌目、酸杆菌目、Acidobacteria(Subgroup 3)、Acidobacteria(Subgroup 2)、酸微菌目、SC-I-84 这 7 个目的相对多度分别为 3.53%、3.31%、1.98%、1.81%、1.64%、1.53%、1.43%，均显著高于该 7 个目相对多度分别为 0.09%、0.39%、0.96%、0.07%、0.49%、0.10%、0.20%的过度经营山核桃林土壤($P<0.05$)。在科水平上，生态经营山核桃林土壤细菌中鞘氨醇单胞菌科、Acidobacteriaceae(Subgroup 1)、黄单胞菌科这 3 个科的相对多度分别为 2.51%、1.98%、1.23%，均显著高于该 3 个科相对多度分别为 0.31%、0.96%、0.13%的过度经营山核桃林土壤($P<0.05$)。

在属水平上，对不同经营模式下山核桃林土壤细菌进行单因素方差分析，得到优势属，如表 8-5 所示。由表 8-5 可见，两种经营模式山核桃林土壤细菌优势属在种类和相对多度上均存在差异。在生态经营山核桃林土壤中，鞘氨醇单胞菌属、*Gaiella* 和溶杆菌属为 3 个优势属，且相对多度分别为 2.29%、0.61%、0.57%，均显著高于该 3 个属相对多度分别为 1.47%、0.41%、0.26%的过度经营山核桃林土壤(*P*<0.05)。而在过度经营山核桃林土壤中, *Bryobacter*、*Candidatus Solibacter* 和慢生根瘤菌属为 3 个优势属, 且相对多度分别为 1.03%、1.40%、0.95%, 均显著高于该 3 个属相对多度分别为 0.80%、0.87%与 0.67%的生态经营山核桃林土壤(*P*<0.05)。因此, 确定鞘氨醇单胞菌属、*Gaiella* 和溶杆菌属为生态经营山核桃林土壤优势菌; *Bryobacter*、*Candidatus Solibacter* 和慢生根瘤菌属为过度经营山核桃林的优势菌。

表 8-5　不同经营模式山核桃林土壤细菌优势属与相对多度差异

菌群	经营模式	
	生态经营	过度经营
鞘氨醇单胞菌属	2.29%±0.18%a	1.47%±0.27%b
Gaiella	0.61%±0.07%a	0.41%±0.06%b
溶杆菌属	0.57%±0.10%a	0.26%±0.05%b
Bryobacter	0.80%±0.08%b	1.03%±0.03%a
Candidatus Solibacter	0.87%±0.02%b	1.40%±0.07%a
慢生根瘤菌属	0.67%±0.09%b	0.95%±0.07%a

(二) 土壤细菌优势属与 pH、养分的相关性

对不同经营模式山核桃林土壤细菌优势属与 pH、养分进行 RDA 分析得到图 8-5。图 8-5 中的第一排序轴可解释土壤细菌优势属的 76.25%, 第二排序轴可解释 20.03%。第一排序轴与 pH、AN、AK、AP 的相关性绝对值分别高达 0.9976、0.9973、0.9948、0.9736, 与 OC 的相关性为 0.4551; 第二排序轴与 OC 的相关性高达 0.8905, 与 pH 的相关性只有 0.0699, 与 AP、AK、AN 的相关性绝对值均低于 0.3。由图 8-5 可知, 生态经营山核桃林与土壤 pH 呈正相关, 过度经营山核桃林与 AN、AK、AP 和 OC 呈正相关。因此, pH、AN、AP、AK 和 OC 均为两种经营模式下山核桃林土壤细菌优势属的主要影响因子。其中, 溶杆菌属、*Gaiella* 和鞘氨醇单胞菌属这 3 种生态经营山核桃林土壤细菌优势属与 pH 呈正相关, *Candidatus Solibacter*、*Bryobacter* 和慢生根瘤菌属这 3 种过度经营山核桃林土壤细菌优势属与 AN、AK、AP、OC 浓度均呈正相关。这与上文两种不同经营模式山核桃林土壤在 pH 和养分上的差异结果相一致。

为探究 pH、AN、AP、AK 和 OC 是否都对细菌优势属有显著影响, 对两种经营模式下山核桃林土壤细菌优势属与影响因子进行蒙特卡罗检验。结果表明, pH、AP 与 AN 的 *P* 值分别为 0.028、0.025 与 0.036, 均小于 0.05, 说明 pH、AP 与 AN 均为显著性影响因子, 三者对土壤细菌优势属影响显著(*P*<0.05); 而 AK 和

OC 的 P 值分别为 0.064 和 0.650，均大于 0.05，因此两者均非显著性影响因子，对土壤细菌优势属的影响不显著。

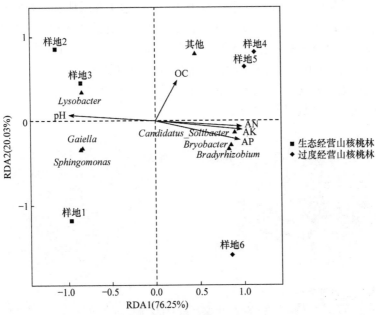

图 8-5　不同经营模式山核桃林土壤细菌优势属与 pH 和养分的相关性

第三节　不同土壤肥力山核桃林土壤真菌多样性

一、α-多样性差异

(一) 土壤真菌 OTU 数目差异

　　在拼接、过滤和去嵌合体处理后，经单因素方差分析得到表 8-6，由表 8-6 可知过度经营山核桃林土壤的总序列数和有效 tags 数目分别为 70 333 和 60 641，均高于总序列数和有效 tags 数目分别为 60 976 和 52 207 的生态经营山核桃林，但差异均不显著。而过度经营山核桃林土壤的 OTU 数目为 381，显著高于 OTU 数目为 299 的生态经营山核桃林($P<0.05$)，这说明过度经营模式山核桃林土壤真菌物种相对多度显著高于生态经营山核桃林。

表 8-6　不同经营模式山核桃林土壤真菌 OTU 数目差异

经营模式	总序列数	有效 tags	OTU
生态经营	60 976±17017a	52 207±12314a	299±22b
过度经营	70 333±3497a	60 641±1951a	381±27a

通过维恩图分析各样地土壤真菌中共有和特有的 OTU 数目差异,得到图 8-6。图 8-6A 是生态经营山核桃各样地土壤真菌 OTU 的维恩图, 由图可知, 生态经营山核桃林各样地共有的 OTU 数目有 143 个; 样地 1 和样地 2 共有的 OTU 数目是 30 个; 样地 2 和样地 3 共有的 OTU 数目是 35 个; 样地 1 和样地 3 共有的 OTU 数目是 33 个。图 8-6B 是过度经营山核桃林各样地土壤真菌 OTU 的维恩图, 由图可知, 过度经营山核桃林各样地共有的 OTU 数目是 159 个; 样地 4 和样地 5 共有的 OTU 数目是 45 个; 样地 4 和样地 6 共有的 OTU 数目是 30 个; 样地 5 和样地 6 共有的 OTU 数目是 52 个。

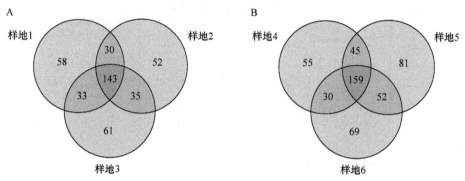

图 8-6　土壤真菌 OTU 维恩图

A. 生态经营山核桃林样地; B. 过度经营山核桃林样地

(二) 土壤真菌群落结构差异

根据所有样品在属水平的物种注释及相对多度信息,选取相对多度排名前 35 的属,从物种和样品两个方面进行聚类,绘制成热图(图 8-7)。由图 8-7 可知, 生态经营山核桃林土壤有 8 个主要真菌属, 分别为 *Cladophialophora*、*Bullera*(布勒弹孢酵母属)、*Scleroderma*(硬皮马勃属)、*Psathyrella*(小脆柄菇属)、*Tomentella*(棉革菌属)、*Cadophora*(背芽突霉属)、*Xerocomellus*、*Tothia*。过度经营山核桃林土壤有 27 个主要真菌属, 分别为 *Penicillium*(青霉属)、*Helvella*、*Lipomyces*、*Hymenogaster*(层腹菌属)、*Genea*、*Geminibasidium*、*Phellopilus*、*Clavulina*(锁瑚菌属)、*Odontia*、*Membranomyces*、*Clavaria*、*Lactarius*、*Mortierella*(被孢霉属)、*Inocybe*(丝盖伞属)、*Tuber*(块菌属)、*Protopannaria*、*Ceratobasidium*、*Elaphomyces*(大团囊菌属)、*Mucor*(毛霉属)、*Russula*(红菇属)、*Sebacina*(蜡壳菌属)、*Ganoderma*(灵芝属)、*Orbilia*(圆盘菌属)、*Hygrocybe*(湿伞属)、*Tylospora*、*Zygosacchmromyces*(接合酵母属)、*Verrucaria*。

由图 8-7 可知不同经营模式山核桃林土壤主要真菌门的分布情况,经单因素方差分析可知两种经营模式山核桃林土壤主要真菌门所占比例差异显著。生态经营山核桃林土壤中, 所占比例为 62.5%的担子菌门, 显著高于担子菌门所占比例为 55.6%的过度经营山核桃林土壤($P<0.05$)。过度经营山核桃林土壤中，所占比例为 7.4%的接合菌门，显著高于接合菌门所占比例为 0 的生态经营山核桃林土壤($P<0.05$)。而生态经营和过度经营模式山核桃林土壤中的子囊菌门所占比例无显著差异，分别为 37.5%和 37.0%。

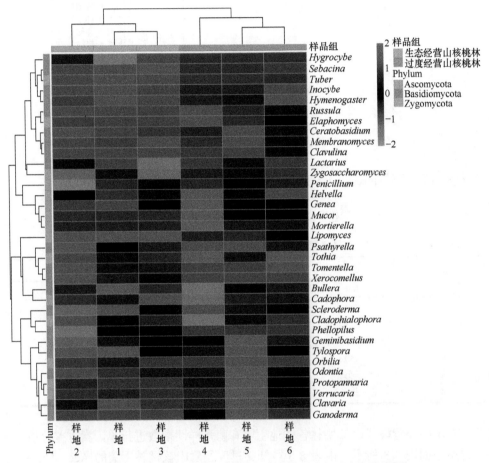

图 8-7　不同经营模式山核桃林土壤真菌物种相对多度聚类图

(三) 土壤真菌群落 α - 多样性指数差异

稀释曲线一般用来描述组内样地的微生物多样性，可反映样地中物种的丰富度。由图 8-8 可知，所有样地真菌的 OTU 数目与测序量成正比，且随着测序深度的增加，曲线趋于平缓。比较不同样地的曲线可知，样地 5 的真菌 OTU 数目最多，其次是样地 6 和样地 4，均高于样地 1、样地 2 和样地 3，与图 8-6 的结果一致。

对不同真菌样品在 97%序列一致性水平下 OTU 的 α-多样性指数进行统计，

得到表 8-7，由表可知，样地 4、样地 5 和样地 6 的真菌群落多样性和丰富度均高于样地 1、样地 2 和样地 3。

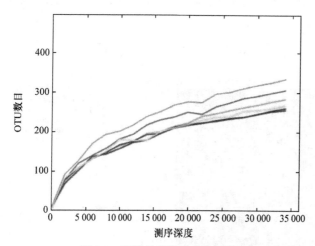

显示类别：　　　　▼

图例
► ☑ ■ 样地1
► ☑ ■ 样地2
► ☑ ■ 样地3
► ☑ ■ 样地4
► ☑ ■ 样地5
► ☑ ■ 样地6

图 8-8　不同经营模式山核桃林各样地真菌 OTU 数的稀释曲线

表 8-7　不同经营模式山核桃林各样地土壤真菌多样性指数

样地	多样性指数			
	Ace	Chao	Shannon	Simpson
1	383	355	2.441	0.6154
2	334	330	2.664	0.6321
3	393	376	2.475	0.6084
4	450	455	4.170	0.9117
5	460	461	4.167	0.9047
6	444	409	3.996	0.8990

对不同经营模式山核桃林各样地土壤真菌多样性指数进行单因素方差分析，所得结果如表 8-8 所示。由表 8-8 可知，过度经营山核桃林土壤的 Ace、Chao、Shannon 以及 Simpson 指数分别为 451、441、4.11 和 0.905，均显著高于 4 个指数分别为 370、354、2.53 和 0.619 的生态经营山核桃林土壤($P<0.05$)。这说明过度经营山核桃林土壤的真菌物种相对多度和多样性均显著高于生态经营山核桃林。

表 8-8　不同经营模式山核桃林土壤真菌多样性指数差异

经营模式	多样性指数			
	Ace	Chao	Shannon	Simpson
生态经营	370±31.1b	354±23.1b	2.53±0.120b	0.619±0.0122b
过度经营	451±7.71a	441±28.4a	4.11±0.100a	0.905±0.0064a

二、β-多样性差异

(一) 土壤真菌主要菌群差异

选取每个样地土壤真菌相对多度前十的属，在不同分类水平上进行物种分类树统计，得到图 8-9。由图可知，不同经营模式山核桃林各样地真菌相对多度前二的菌门一致，均为担子菌门和子囊菌门。且所有样地相对多度前十的菌属也相同，均为硬皮马勃属、丝盖伞属、*Sebacina*、棉革菌属、红菇属、块菌属、*Hymenogaster*、*Geminibasidium*、*Membranomyces* 和锁瑚菌属。

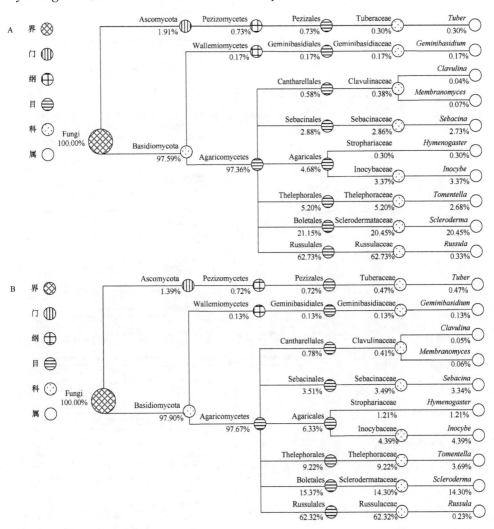

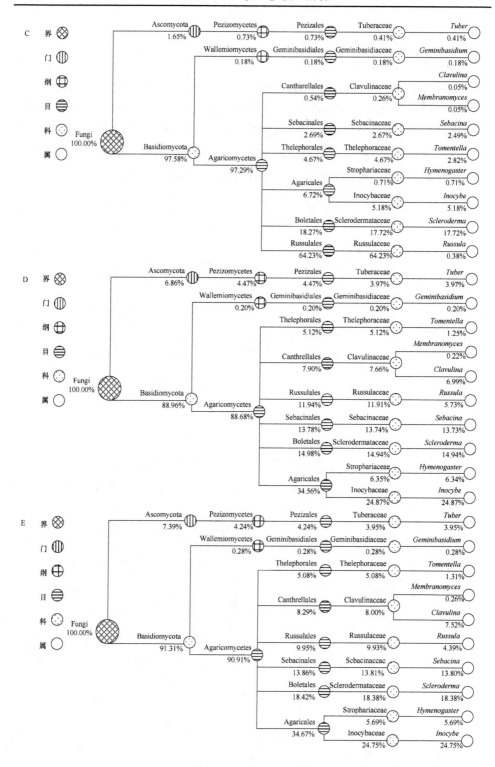

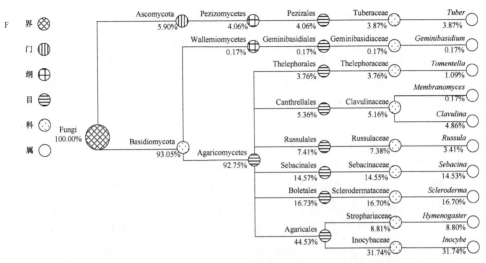

图 8-9　不同经营模式山核桃林各样地真菌特定物种分类树

A. 样地 1；B. 样地 2；C. 样地 3；D. 样地 4；E. 样地 5；F. 样地 6

由图 8-9A 可知，在门的水平上，样地 1 中担子菌门相对多度比例为 97.59%，子囊菌门相对多度比例为 1.91%。在属的水平上，样地 1 中硬皮马勃属相对多度比例为 20.45%，丝盖伞属相对多度比例为 3.37%，*Sebacina* 相对多度比例为 2.73%，棉革菌属相对多度比例为 2.68%，红菇属相对多度比例为 0.33%，块菌属和 *Hymenogaster* 相对多度比例均为 0.30%，*Geminibasidium* 相对多度比例为 0.17%，*Membranomyces* 相对多度比例为 0.07%，锁瑚菌属相对多度比例为 0.04%。

由图 8-9B 可知，在门的水平上，样地 2 中担子菌门相对多度比例为 97.90%，子囊菌门相对多度比例为 1.39%。在属的水平上，样地 2 中硬皮马勃属相对多度比例为 14.30%，丝盖伞属相对多度比例为 4.39%，棉革菌属相对多度比例为 3.69%，*Sebacina* 相对多度比例为 3.34%，*Hymenogaster* 相对多度比例为 1.21%，块菌属相对多度比例均为 0.47%，红菇属相对多度比例为 0.23%，*Geminibasidium* 相对多度比例为 0.13%，*Membranomyces* 相对多度比例为 0.06%，锁瑚菌属相对多度比例为 0.05%。

由图 8-9C 可知，在门的水平上，样地 3 中担子菌门相对多度比例为 97.58%，子囊菌门相对多度比例为 1.65%。在属的水平上，样地 3 中硬皮马勃属相对多度比例为 17.72%，丝盖伞属相对多度比例为 5.18%，棉革菌属相对多度比例为 2.82%，*Sebacina* 相对多度比例为 2.49%，*Hymenogaster* 相对多度比例为 0.71%，块菌属相对多度比例均为 0.41%，红菇属相对多度比例为 0.38%，*Geminibasidium* 相对多度比例为 0.18%，锁瑚菌属和 *Membranomyces* 相对多度比例均为 0.05%。

由图 8-9D 可知，在门的水平上，样地 4 中担子菌门相对多度比例为 88.96%，子囊菌门相对多度比例为 6.86%。在属的水平上，样地 4 中丝盖伞属相对多度比例为 24.87%，硬皮马勃属相对多度比例为 14.94%，*Sebacina* 相对多度比例为 13.73%，锁瑚菌属相对多度比例为 6.99%，*Hymenogaster* 相对多度比例为 6.34%，红菇属相对多度比例为 5.73%，块菌属相对多度比例为 3.97%，棉革菌属相对多度比例为 1.25%，*Membranomyces* 相对多度比例为 0.22%，*Geminibasidium* 相对多度比例为 0.20%。

由图 8-9E 可知，在门的水平上，样地 5 中担子菌门相对多度比例为 91.31%，子囊菌门相对多度比例为 7.39%。在属的水平上，样地 5 中丝盖伞属相对多度比例为 24.75%，硬皮马勃属相对多度比例为 18.38%，*Sebacina* 相对多度比例为 13.80%，锁瑚菌属相对多度比例为 7.52%，*Hymenogaster* 相对多度比例为 5.69%，红菇属相对多度比例为 4.39%，块菌属相对多度比例均为 3.95%，棉革菌属相对多度比例为 1.31%，*Geminibasidium* 相对多度比例为 0.28%，*Membranomyces* 相对多度比例为 0.26%。

由图 8-9F 可知，在门的水平上，样地 6 中担子菌门相对多度比例为 93.05%，子囊菌门相对多度比例为 5.90%。在属的水平上，样地 6 中丝盖伞属相对多度比例为 31.74%，硬皮马勃属相对多度比例为 16.70%，*Sebacina* 相对多度比例为 14.53%，*Hymenogaster* 相对多度比例为 8.80%，锁瑚菌属相对多度比例为 4.86%，块菌属相对多度比例均为 3.87%，红菇属相对多度比例为 3.41%，棉革菌属相对多度比例为 1.09%，*Geminibasidium* 和 *Membranomyces* 相对多度比例均为 0.17%。

在不同分类水平上，对两种经营模式下的山核桃林土壤真菌物种相对多度进行单因素方差分析。结果表明，在目水平上，生态经营山核桃林土壤真菌中红菇目的相对多度为 63.09%，显著高于红菇目相对多度为 9.77% 的过度经营山核桃林（$P<0.05$）。而过度经营山核桃林土壤真菌中鸡油菌目、伞菌目、蜡壳耳目、盘菌目的相对多度分别为 7.18%、37.92%、14.07%、4.25%，均显著高于该 4 个目相对多度分别为 0.63%、5.91%、3.03% 和 0.73% 的生态经营山核桃林（$P<0.05$）。在科水平上，生态经营山核桃林土壤真菌中红菇科、牛肝菌科的相对多度分别为 63.09%、0.77%，均显著高于该 2 个科相对多度分别为 9.74%、0.02% 的过度经营山核桃林（$P<0.05$）。而过度经营山核桃林土壤真菌中锁瑚菌科、丝盖伞科、蜡壳耳科、球盖菇科、块菌科的相对多度分别为 6.94%、27.12%、14.03%、6.95% 和 3.93%，均显著高于该 5 个科相对多度分别为 0.35%、4.31%、3.01%、0.74% 和 0.39% 的生态经营山核桃林（$P<0.05$）。

在属水平上，对不同经营模式下山核桃林土壤真菌进行单因素方差分析，得到优势属，如表 8-9 所示。由表 8-9 可知，两种经营模式山核桃林土壤真菌优势属在种类和相对多度上均存在差异。在生态经营山核桃林土壤中，棉革菌属、*Xerocomellus*、鹅膏菌属为 3 个优势属，且相对多度分别为 3.06%、0.76%、0.10%，均显著高于该 3 个属相对多度分别为 1.22%、0.01%、0.01%的过度经营山核桃林土壤(*P*<0.05)。而在过度经营山核桃林土壤中，丝盖伞属、蜡壳菌属、层腹菌属、锁瑚菌属、红菇属、块菌属为 6 个优势属，且相对多度分别为 27.12%、14.02%、6.95%、6.46%、4.51%和 3.93%，均显著高于该 6 个属相对多度分别为 4.31%、2.85%、0.74%、0.04%、0.31%和 0.39%的生态经营山核桃林土壤(*P*<0.05)。因此，确定棉革菌属、*Xerocomellus*、鹅膏菌属为生态经营山核桃林土壤优势菌；丝盖伞属、蜡壳菌属、层腹菌属、锁瑚菌属、红菇属、块菌属为过度经营山核桃林土壤优势菌。

表 8-9 不同经营模式山核桃林土壤真菌优势属与相对多度差异

菌群	经营模式	
	生态经营	过度经营
棉革菌属	0.0306±0.0055a	0.0122±0.0011b
Xerocomellus	0.0076±0.0027a	0.0001±0.0000b
鹅膏菌属	0.0010±0.0003a	0.0001±0.0001b
丝盖伞属	0.0431±0.0091b	0.2712±0.0400a
蜡壳菌属	0.0285±0.0044b	0.1402±0.0044a
层腹菌属	0.0074±0.0045b	0.0695±0.0164a
锁瑚菌属	0.0004±0.0000b	0.0646±0.0141a
红菇属	0.0031±0.0008b	0.0451±0.0117a
块菌属	0.0039±0.0009b	0.0393±0.0005a

(二) 土壤真菌优势属与 pH、养分的相关性

分别对发病期不同经营模式山核桃林土壤真菌优势属与 pH、养分进行 RDA 分析得到图 8-10。图 8-10 中的第一排序轴可解释土壤真菌优势属的 93.45%，第二排序轴可解释 3.11%。

第一排序轴与 pH、AK、AP、AN 的相关性绝对值分别高达 0.9999、0.9996、0.9993、0.9852，与 OC 的相关性为 0.3422；第二排序轴与 OC 的相关性绝对值高达 0.9396，与 AP 的相关性为 0.0364，与 pH 的相关性只有 0.0142，与 AK、AN 的相关性绝对值均低于 0.3。由图 8-10 可知，生态经营山核桃林与土壤 pH 呈正相关，过度经营山核桃林与 AN、AK、AP 和 OC 均呈正相关。因此，pH、AN、AP、AK 和 OC 均为两种经营模式下山核桃林土壤真菌优势属的主要影响因子。其中，棉革菌属、*Xerocomellus* 和鹅膏菌属这 3 种生态经营山核桃林土壤真菌优势属与 pH 呈正相关，丝盖伞属、蜡壳菌属、层腹菌属、锁瑚菌属、红菇属和块菌属这 6 种过度经营山核桃林土壤真菌优势属与 AN、AK、AP 和 OC 浓度均呈正相关。这与上文两种不同经营模式山核桃林土壤在 pH 和养分上的差异结果相一致。

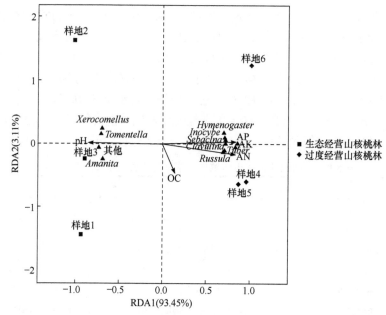

图 8-10　不同经营模式山核桃林土壤真菌优势属与 pH 和养分的相关性

　　为探究 pH、AN、AP、AK 和 OC 是否都对真菌优势属有显著影响，对两种经营模式下山核桃林土壤真菌优势属与影响因子进行蒙特卡罗检验。结果表明，pH、AK 与 AN 的 P 值分别为 0.031、0.042 与 0.017，均小于 0.05，说明 pH、AK 与 AN 均为显著性影响因子，三者对土壤真菌优势属影响显著($P<0.05$)；而 AP、OC 的 P 值分别为 0.056 和 0.689，均大于 0.05，因此，两者均非显著性影响因子，对土壤真菌优势属的影响不显著。

第四节　小结与讨论

　　生态经营山核桃林土壤 pH 显著高于过度经营山核桃林土壤，而生态经营山核桃林感病指数显著低于过度经营山核桃林。高圣超等报道长期单施化肥与除草剂的使用会导致土壤 pH 降低、原有生态环境破坏、土壤结构改变、微生物多样性降低等一系列不良后果，从而导致山核桃树体的抗虫抗病能力减弱。本研究结果与之一致。本节试验中选取的 6 个样地，地理位置接近，自然条件基本一致。过度经营山核桃林土壤呈酸性，且 pH 显著低于生态经营山核桃林，可能是施用复合肥和除草剂造成的。对土壤养分的测定结果表明：过度经营山核桃林土壤速效磷、速效钾和速效氮含量均显著高于生态经营山核桃林土壤，可能是前者施用大量复合肥引起的。

　　钱进芳等(2014)研究表明，土壤微生物群落 Shannon 指数最高的是林下种植白三叶的山核桃林地，为 3.786。吴家森等(2014)研究发现，山核桃的过度经营降低了土壤微生物功能多样性，经营时间为 0 年时，即没有开始过度经营时，Shannon指数最高，为 3.61。本节试验中生态经营和过度经营山核桃林土壤细菌的 Shannon指数分别为 9.861 与 9.648。这表明本节试验两种经营模式下的山核桃林土壤都有较高的细菌物种多样性。过度经营山核桃林土壤真菌的 Shannon 指数为 4.11，高于这两篇文献，说明过度经营山核桃林土壤真菌具有较高的物种多样性。而生态经营山核桃林土壤真菌的 Shannon 指数为 2.53，说明生态经营山核桃林土壤真菌的物种多样性较低。过度经营山核桃林土壤真菌多样性显著高于生态经营山核桃林，而过度经营山核桃的干腐病发病率也显著高于生态经营。余晓研究发现山核桃感病指数的增高会导致土壤细菌物种多度的降低和真菌物种多度的升高，与本节试验结果相一致。生态经营和过度经营山核桃林土壤细菌的 Ace、Chao、Shannon以及 Simpson 指数均高于真菌的以上 4 种多样性指数。这说明两种经营模式山核桃林土壤中细菌的物种相对多度及多样性均高于真菌，而出现这种结果的原因可能是 7 月环境温度较高、湿度较小，有利于土壤中细菌的生长繁殖，并且导致真菌的生长受到了抑制。郭静研究发现，在所研究的 4 种林型土壤中，细菌数量多、分布广，在土壤微生物类群中起到了主导作用。黄昌勇的研究也发现在土壤微生物中细菌的多样性是最高的，这些研究结果均与本节试验结果相一致。

自然环境和人类活动都会对土壤微生物的多样性产生影响，自然环境包括pH、水分、植被、温度等，人类活动包括喷施农药、化肥和土壤耕作方法等。本试验表明生态经营与过度经营山核桃林土壤微生物的优势属在种类和相对多度上均存在显著差异。过度经营山核桃林地土壤细菌的 21 个主要菌属中有 15 个菌属为变形菌门。本节试验表明过度经营山核桃林土壤的真菌多样性显著高于生态经营山核桃林土壤，而过度经营山核桃林土壤的 pH 显著低于生态经营山核桃林土壤。国春菲在研究中发现，土壤真菌的多样性会随着 pH 的升高而减小，与本节试验中过度经营山核桃林土壤 pH 较低、真菌多样性较高的结果相一致。有研究表明，酸性环境有利于增强真菌对环境中水分的利用，以加快自身生长繁殖，还会加重植物病害。

由 RDA 分析和蒙特卡罗检验可知，pH、AN、AP 对土壤微生物优势细菌群落结构有显著影响，而 pH、AK 和 AN 均对土壤微生物优势真菌群落结构有显著影响。由 RDA 分析可知，土壤 pH 升高对生态经营山核桃林土壤细菌优势属和真菌优势属的增殖均有利，土壤速效氮、速效磷浓度的提高则有利于过度经营山核桃林土壤细菌优势属的增殖，而土壤速效钾、速效氮浓度的提高则有利于过度经营山核桃林土壤真菌优势属的增殖。磷壁酸是革兰氏阳性(G^+)菌细胞壁的重要组成部分，不同的经营模式造成了土壤中速效磷含量的变化，使得速效磷成为土壤细菌优势属落结构的显著性影响因素之一。本节试验中生态经营和过度经营山核桃林间套种、林下生草覆盖率的差异，可能是导致生态经营山核桃林土壤细菌多样性比过度经营山核桃林高的主要原因。

溶杆菌属和鞘氨醇单胞菌属均为生态经营山核桃林土壤细菌优势属。已有研究表明，溶杆菌属细菌是一类极具生防潜力的生防菌，例如，产酶溶杆菌(*Lysobacter enzymogenes*)能分泌多种胞外水解酶，具有广谱抑菌作用，在生防领域具有潜在的应用价值。产酶溶杆菌 OH11 适宜 pH 范围为 7～9，且高盐环境不利于其生长。综上所述，生态经营山核桃林土壤适宜溶杆菌属细菌生长。国外学者发现了一种既可抵抗植物病害，又能促进植物生长的鞘氨醇单胞菌。有研究表明，鞘氨醇单胞菌属具有降解芳香化合物、产 IAA 和 GA 等功能。邓维琴等发现 *Sphingomonas* sp.SC-1 在 pH 为 7 时对苯酚的降解效果最好。张俊对嗜盐少动鞘氧醇单胞菌 *Halobacterium S. paucimobilis* QHZJUJW 的发酵条件进行优化，发现 pH 为 7 时发酵效果最好。综上所述，生态经营山核桃林土壤适宜鞘氨醇单胞菌属生长。根据本节试验中生态经营山核桃林干腐病感病指数显著低于过度经营山核桃林的结果，推测溶杆菌属和鞘氨醇单胞菌属这两种生态经营山核桃林土壤中的细菌优势属可能具有抑制山核桃干腐病发生的作用。

综上所述，不用化肥与除草剂，保持土壤弱碱性，适量配施生物肥料，增加林下生草种植等生态经营管理措施，可能有利于营造适合山核桃树健康生长的土壤环境，提高山核桃树体的抗病性，从而减少干腐病等的发病率，为山核桃干腐病的生态化防治提供借鉴，促进山核桃产业可持续发展。

第九章 土壤管理及采收方式对山核桃生长的影响

第一节 不同土壤管理山核桃叶片养分含量

矿质营养是果树生长发育、产量和品质形成的物质基础,对产量的形成和品质的改善有重大影响,而叶片是植物营养诊断的主要器官,对于矿质元素的吸收可以通过叶片直接反映出来。叶片是地下运输来的矿质营养的储存库,也是果实生长发育所需矿质营养的供给源。本试验通过对叶片矿质元素的测定来观察植物生长的优劣,研究山核桃叶片营养元素的年动态,借以探讨不同土壤管理方式对山核桃叶片生长的影响,为优化山核桃林地土壤管理方式提供科学的理论依据。

一、不同处理对山核桃叶片大量元素的影响

(一) 不同处理对叶片氮含量的影响

如图 9-1 和表 9-1 所示,山核桃叶片氮元素含量有很明显的季节性变化。在 4 月,叶片中氮含量为 4.48%,而到了 7 月则迅速下降,平均值变为 2.40%,到了 10 月再进一步下降,平均值变成 2.22%。而且,叶片中的氮含量受人为因素干扰强烈,从图中可以很明显地看到几种不同措施对叶片中的氮含量产生影响。其中,在 A4×B2 措施下叶片氮含量最低,为 3.63%,A2×B1 措施下最高,为 5.37%。7 月和 10 月的叶片氮含量则比较稳定,各个措施对氮元素影响不大。在 7 月,氮含

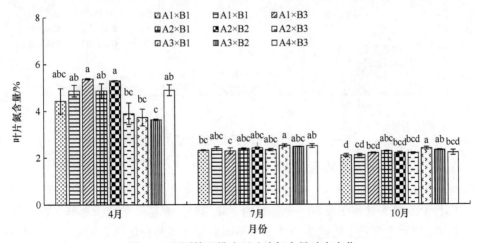

图 9-1 不同管理模式下叶片氮含量动态变化

量最多的是 A3×B2，为 2.52%，含量最少的是 A1×B1 和 A2×B1，均为 2.30%。10 月叶片氮含量基本与 7 月保持一致，各个措施之间没有很大的差异性，最大值 (A3×B2)与最小值(A1×B1)之间仅相差了 0.31%。

表 9-1 不同管理模式与微量元素的 F 值

元素	除草			施肥		
	4 月	7 月	10 月	4 月	7 月	10 月
铁	0.051	0.002	0.073	0.384	0.029	0.049
锰	0.311	0.298	0.110	0.498	0.448	0.606
铜	0.325	0.452	0.123	0.029	0.889	0.108
锌	0.062	0.004	0.249	0.227	0.199	0.790

(二) 不同处理对叶片磷含量的影响

如图 9-2 和表 9-1 所示，叶片中磷元素的含量与氮元素相似，随季节的变化而具有明显变化，在 4 月达到最高，然后随着月份的推移逐渐减少。从图中可以看出，4 月不同措施下的磷元素含量变动很大，最大值为 A2×B3 和 A4×B3，两者均为 0.61%，而最小值是 A4×B2，为 0.31%，它们之间相差了 0.3%。到了 7 月，叶片中的磷含量迅速下降，平均值从 4 月的 0.48%变为 0.14%，而且各个措施之间的差异变小，基本上保持稳定，叶片磷元素含量在 0.17%~0.13%之间，只有 A2×B3 与 A2×B2、A2×B1 之间有显著性差异，其他措施之间差异不明显。10 月叶片磷元素含量平均值为 0.13%，与 7 月基本一致，而且各个措施之间没有显著性差异，磷含量在 0.14%~0.10%之间波动。

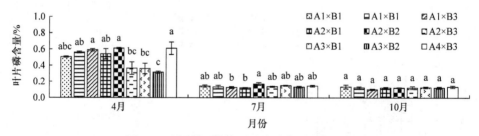

图 9-2 不同管理模式下叶片磷含量动态变化

(三) 不同处理对叶片钾含量的影响

如图 9-3 和表 9-1 所示，叶片中的钾元素含量变化规律与氮、磷元素不同，在 7 月到 10 月的过程中没有一个显著的下降趋势，而是微微有所上升。在 4 月，叶片中的钾元素含量平均值为 0.75%，不同措施之间的变化趋势与氮、磷基本保持一致，差异比较明显，其中最大值为 A2×B3(0.96%)，最小值为 A4×B2。到了 7

月，叶片钾元素含量的平均值为 0.39%，比 4 月下降了 0.36%，各个措施之间的差异没有趋于稳定，而是与 4 月保持一致，最大值依旧是 A2×B3(0.58%)，而且这种措施与其他措施差异显著。在 10 月，叶片中的钾元素含量平均值为 0.32%，比 7 月下降了 0.07%，但是 A1×B1(0.34%)、A2×B2(0.40%)措施下钾的含量要高于 7 月，还有几种措施的含量与 7 月持平。

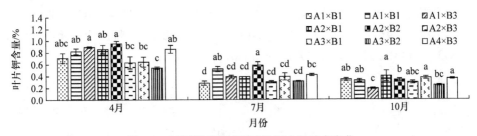

图 9-3　不同管理模式下叶片钾含量动态变化

(四) 不同处理对叶片钙含量的影响

从图 9-4 和表 9-1 可以看出，叶片中的钙元素含量与氮、磷、钾含量正好相反，是一个随着时间的推移而在叶片之中慢慢积累的过程。在 4 月，叶片中的钙含量最低，平均值为 0.55%，而且各个措施之间没有显著性差异，总体来看比较平稳，钙的含量在 0.38%～0.71%之间。到了 7 月，叶片中的钙含量逐渐提高，平均值为 1.39%，比 4 月大了 0.84%。而且各个措施之间有一定的差异性，最大值 A1×B3(1.96%)与最小值 A1×B1(1.06%)之间相差了 0.90%，并且 A1×B3 与除了 A2×B1 和 A2×B2 之外的其他措施都有显著性差异。到了 10 月，变化基本与 7 月保持一致，叶片钙元素含量的平均值为 1.43%。与 7 月相比，有 5 个措施的钙含量有所上升，2 个有所下降，还有 2 个措施叶片钙含量基本上与 7 月持平。10 月各个措施下叶片 Ca 含量在 1.77%～1.13%之间。

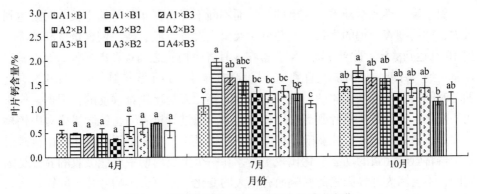

图 9-4　不同管理模式下叶片钙含量动态变化

(五) 不同处理对叶片镁含量的影响

　　如图 9-5 和表 9-1 所示，山核桃叶片中镁元素的含量在不同月份中没有很明显的变化规律，但是不同措施对镁元素的影响还是有所差异的。叶片中的镁元素含量平均值在 4 月、7 月、10 月分别为 0.24%、0.28% 和 0.22%，差别不是很大。在 4 月，不同措施下镁含量稳定在 0.20%～0.29% 之间，变化幅度不大。到了 7 月，不同措施下的叶片镁含量出现了显著的差异，A2×B1 与 A2×B3 分别从 4 月的 0.23% 和 0.24% 上升到了 0.39% 和 0.40%。与 4 月相比，7 月的叶片镁含量只有 A1×B3 与 A4×B2 是下降的，其他的几个措施都有增长。

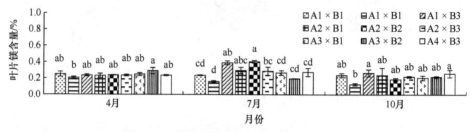

图 9-5　不同管理模式下叶片镁含量动态变化

二、不同处理对山核桃叶片微量元素的影响

　　通过表 9-1 能够看出，不同的管理模式对山核桃叶片的微量元素存在一定相关性。在 4 月时，不同的除草方式与铁、锰、铜、锌这四种微量元素不存在相关性，而施肥对铜有显著性影响，与其他三种元素不相关。7 月的除草与施肥两种措施都会显著影响叶片中的铁含量，并且除草对锌元素也有显著性影响。10 月，只有不同的施肥措施显著影响铁含量，而对其他元素没有相关性。不同的除草措施在 10 月对叶片中的微量元素不产生影响。

三、小结与讨论

　　氮、磷、钾元素随着山核桃的生长而不断下降，在 4 月开始生长的时期达到最大，然后随着新梢的生长、花芽分化及果实发育，氮、磷、钾含量逐渐下降，到 10 月达到稳定。此外，氮、磷元素在 4 月各个措施之间存在差异性，但不是很显著，到 7 月差异性减弱，直到 10 月没有差异性。钙元素与氮、磷、钾相反，是随着时间推移而慢慢积累的过程，这是因为钙元素是比较难移动的，根据采样时间的变化，钙元素从新叶到老叶而积累起来。通过分析表明，施肥措施对山核桃叶片氮、磷、钾元素存在影响，但影响不是很显著，主要是因为成年的山核桃树各个器官营养元素的动态变化比较稳定，在一个生长周期中所能吸收的养分是固定的，不会因为外界因素的影响而有很大的变化。除草会影响叶片中的铁、锰元素，而施肥则会影响铁、铜元素。

第二节 生草栽培对山核桃果实产量与品质的影响

山核桃是一种重要的经济植物,种仁含蛋白质7.8%~9.6%,含油率69.8%~74.01%,其中不饱和脂肪酸占88.38%~95.78%,并含有丰富人体必需矿质元素。种仁中有17种主要氨基酸、8种脂肪酸,在营养价值和保健作用方面具独特的优点。通过连续4年的全园覆草和清耕的定点观测,对山核桃的外观品质和内在品质,主要是内果皮厚度、出仁率、果形、单果重、粗蛋白和氨基酸含量进行分析,探索生草栽培对山核桃营养品质的影响,寻找优势生草草种,提高山核桃营养价值。

一、生草对山核桃产量和外观品质的影响

山核桃林地种植生草后,提高了单位面积产量,改善了果实品质(表9-2)。从表中可知,黑麦草的种植显著增加了山核桃产量。一年生黑麦草和白三叶套种的林分,显著提高了山核桃的出仁率和出油率。山核桃套种一年生黑麦草后,多果实品质提高效果最佳,鲜果鲜重、出籽率、出油率和出仁率均表现出不同程度的提高,多年生黑麦草其次,白三叶居中,而红三叶、紫花苜蓿略差。

表9-2 套种绿肥对山核桃产量和品质的影响

生草种类	产量/(kg/亩)	鲜果鲜重/(g/粒)	出籽率/%	出仁率/%	出油率/%
一年生黑麦草	62.45**	4.347	26.42**	40.12*	26.34**
多年生黑麦草	55.64*	4.954**	24.71	39.56	24.46
白三叶	51.75	4.234	25.65	40.32**	25.32*
红三叶	50.25	4.128	24.25	37.65	23.47
紫花苜蓿	53.75	3.987	22.08	36.48	23.53
清耕	48.70	3.762	21.67	36.78	20.25

*表示差异显著($P<5.0\%$),**表示差异极显著($P<1.0\%$)。

二、套种绿肥对山核桃氨基酸组分的影响

生草栽培对粗蛋白含量的提高效果不大。处理组之间,紫云英处理效果则要比黑麦草的效果更好。粗蛋白含量是由种仁含氮量换算过来的,但也一定程度上代表了三种处理组对氮元素利用,牧草可能与山核桃树发生氮肥上的竞争,减少了氮元素的吸收,降低了蛋白质的合成。

山核桃种仁富含15种氨基酸,其中含有人体8种必需氨基酸中的6种。本实验的氨基酸种类相比其他研究少了谷氨酸、亮氨酸,可能原因是含量太少,导致测不出其值。详见表9-3。

甲硫氨酸占氨基酸总量比例提高到了对照组的 4 倍，从对照组的 1.2%到生草组 5%以上；出现 6 种新的氨基酸，如苏氨酸出现，且含量占总氨基酸的 15%左右。

表 9-3　不同处理间氨基酸组分及其含量

氨基酸种类	简写	氨基酸含量/(mg·g⁻¹)		
		牧草	豆科牧草	对照
甲硫氨酸*	Met	6.27	6.00	1.47
丙氨酸	Ala	—	0.41	1.02
天冬氨酸	Asp	—	—	17.70
苏氨酸*	Thr	20.93	15.92	—
丝氨酸	Ser	—	0.12	—
谷氨酸	Glu	—	—	—
甘氨酸	Gly	54.82	37.00	53.77
缬氨酸*	Val	—	0.76	—
异亮氨酸*	Ile	13.93	12.36	12.11
亮氨酸*	Leu	—	—	—
酪氨酸	Tyr	3.96	—	2.80
苯丙氨酸*	Phe	8.07	10.65	7.71
组氨酸	His	0.21	4.84	—
赖氨酸*	Lys	—	5.00	—
精氨酸	Arg	0.22	20.27	20.20
脯氨酸	Pro	2.35	0.15	0.69
总量		113.78	116.16	120.11

*表示必需氨基酸。

三、小结与讨论

生草栽培提高了山核桃果实品质，一年生黑麦草的种植显著提高了山核桃出籽率、出油率、出仁率，套种白三叶后，山核桃的出油率、出仁率也显著提升。

第三节　张网采收对山核桃果实品质的影响

采收是山核桃生产栽培过程中的重要一环，采收时间、方式往往会对果实品质产生一定的影响。传统上，林农主要依靠人爬树枝、用竹竿敲打采收。这种采收方式损伤了山核桃的枝丫，危害树木寿命，导致山核桃产量下降；敲打下来的山核桃外皮受到破坏，核桃肉易受细菌侵害，导致山核桃变质腐烂，严重影响山核桃品质。

2015 年，山核桃"自然落果—张网采收"项目技术开始实施，张网采收主要是围绕山核桃树干在近地面铺设大网，山核桃自然落下后，借助山地坡度，掉落的山核桃直接滚落到落地网最下端的收集桶里。这样有效解决了敲打采收造成的成熟与未成熟的果实一同被采收的现象，增加林农经济效益，保障林农人身安全。

一、山核桃果实表型形状变异性

(一) 山核桃鲜果质量变化

敲打采收的山核桃质量最小，为 15.85g，张网采收 5 年的果实平均质量最大，为 16.41g。但是，不同年份之间不存在显著性差异(图 9-6)。

就变异系数而言，张网采收 0 年的山核桃鲜果质量变异系数最大，为 16.18%，但随着张网采收年限的增加，变异系数减小。变异系数越小，离散程度越小，性状稳定性越好。这说明敲打采收的山核桃单果个体间鲜果重量、果实大小差异较大，均匀度较差。随着年限的增加，鲜果质量的变异系数减小，说明山核桃个体差异减小，均匀度增加。

(二) 山核桃鲜果横径、纵径和果形指数变化

与对照相比，山核桃鲜果横径变异系数减小，但不同年份之间没有显著差异。张网采收 5 年的纵径最大，不同年份之间差异显著($P<0.05$)。这与果形指数相一致，说明随着张网采收年份的增加，山核桃果形指数增加，果实形状更偏向于椭圆形。其中，张网采收 5 年的山核桃果形指数最大(图 9-6)。

(三) 山核桃外果皮厚度变化

在果皮厚度方面，不同年份的山核桃没有差异(图 9-6)。然而，敲打采收的山核桃果皮厚度变异系数最大，为 20.75%，张网采收 3 年的变异系数最小，为 10.3%。

(四) 山核桃果核质量变化

与对照相比，张网采收 6 年的山核桃果核质量最大，为 4.67g，但不同年份之间没有显著性差异。

(五) 山核桃果核横径、纵径变化

不同年份果核的横径和纵径差异与鲜果的横径和纵径相类似。但是随着年限的增加，果核横径和纵径的变异系数减小，说明种子均匀度增加(表 9-3)。

(六) 山核桃核壳厚度变化

随着张网采收年限的增加，山核桃核壳厚度不断减小(图 9-6)，核壳厚度是山核桃重要的品质指标之一，说明张网采收对山核桃品质有提升作用。这主要是由于张网采收不需要去除林下植被。黄鑫龙等研究表明种植紫穗槐能有效增加山核桃的产量，种植百喜草有利于增加土壤保水能力、减少水土流失、提高山核桃果

实品质，这与本试验研究相似。

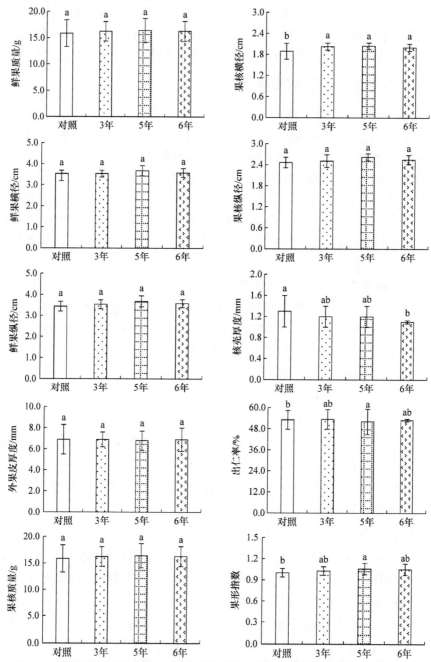

图9-6　张网采收3年、5年、6年和敲打采收对照的山核桃果实表征性状的差异

同一表型性状不同字母表示不同张网年限间差异显著(P<0.05)

(七) 山核桃出仁率变化

出仁率在一定程度上反映了山核桃的价值, 出仁率越高, 可利用的部分越多, 价值越高。不同处理间的山核桃出仁率差别不大, 范围在 52.08%～53.40%。

二、山核桃果实表型形状相关性

由山核桃果实表型性状相关性分析可知(图 9-7), 山核桃鲜果质量和外果皮厚度、果核质量、果核横径呈极显著正相关($P<0.01$), 果核质量与果核横径、果核纵径和出仁率呈极显著正相关($P<0.01$), 果形指数与鲜果横径呈极显著负相关($P<0.01$)、与鲜果纵径呈极显著正相关($P<0.01$)。

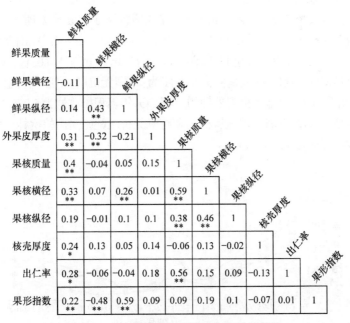

图 9-7　山核桃果实表型形状皮尔逊相关性

*$P<0.05$, **$P<0.01$

三、小结与讨论

与对照相比, 随着张网采收年限的增加, 山核桃果实和果核的平均质量增加, 变异系数减小, 山核桃果实个体质量的差异、果实的均匀度增加; 核壳厚度显著降低($P<0.05$); 果形指数显著增加($P<0.05$), 果实形状更偏向于椭圆形。鲜果质量与果形指数呈极显著正相关($P<0.01$), 果核质量与出仁率呈极显著正相关($P<0.01$)。

第十章 施肥对山核桃林土壤温室气体通量的影响

第一节 施肥对土壤 CO_2 排放的影响

如图 10-1 所示，山核桃林地土壤 CO_2 排放通量呈现明显的季节变化特征，最大值在夏秋季节，最小值出现在冬季。各施肥处理条件下，土壤 CO_2 排放通量的变化幅度分别为 $14.00\sim83.50$ mg $C\cdot m^{-2}\cdot h^{-1}$、$26.33\sim157.08$ mg $C\cdot m^{-2}\cdot h^{-1}$、$10.68\sim98.29$ mg $C\cdot m^{-2}\cdot h^{-1}$ 和 $20.27\sim77.616$ mg $C\cdot m^{-2}\cdot h^{-1}$。测定期间单施无机肥处理，土壤 CO_2 平均排放通量为 72.8 mg $C\cdot m^{-2}\cdot h^{-1}$，显著高于 CK($51.76$ mg $C\cdot m^{-2}\cdot h^{-1}$)、有机无机肥配施($47.6$ mg $C\cdot m^{-2}\cdot h^{-1}$)和单施有机肥处理($41.86$ mg $C\cdot m^{-2}\cdot h^{-1}$)($P<0.05$)。不同施肥处理山核桃林土壤 CO_2 年累积排放量的大小顺序为：单施无机肥>对照>有机无机肥配施>单施有机肥(图 10-2)，单施无机肥处理的土壤 CO_2 年累积排放量为 5.07 t $C\cdot hm^{-2}\cdot a^{-1}$，显著高于其他处理($P<0.05$)；单施有机肥和有机无机肥配施对山核桃林土壤 CO_2 年累积排放量没有显著影响。

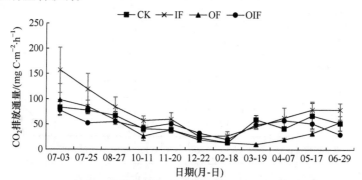

图 10-1 不同施肥处理对山核桃林土壤 CO_2 排放通量的影响

CK，对照；IF，单施无机肥；OF，单施有机肥；OIF，有机无机肥配施。

平均值±标准误($n=4$)

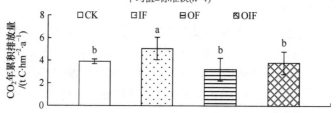

图 10-2 不同施肥处理对山核桃林土壤 CO_2 年累积排放量的影响

CK，对照；IF，单施无机肥；OF，单施有机肥；OIF，有机无机肥配施。

误差线表示标准差($n=3$)，不同字母表示新复极差法多重比较差异显著($P<0.05$)

第二节 施肥对土壤 CH₄ 排放的影响

山核桃林地土壤 CH₄ 排放通量动态变化如图 10-3 所示,全年既表现为 CH₄ 的汇,又表现为 CH₄ 的源。不同施肥处理土壤 CH₄ 的排放呈波浪形变化,没有明显的季节规律。对照、单施无机肥、单施有机肥和有机无机肥配施处理土壤 CH₄ 平均排放通量分别为 $-0.001\text{mg C} \cdot \text{m}^{-2} \cdot \text{h}^{-1}$、$-0.010\text{mg C} \cdot \text{m}^{-2} \cdot \text{h}^{-1}$、$-0.006\text{mg C} \cdot \text{m}^{-2} \cdot \text{h}^{-1}$ 和 $0.002\text{mg C} \cdot \text{m}^{-2} \cdot \text{h}^{-1}$。如图 10-4 所示,不同施肥处理山核桃林土壤 CH₄ 年累积排放量的大小为:有机无机肥配施($0.21\text{kg C} \cdot \text{hm}^{-2} \cdot \text{a}^{-1}$)>对照($-0.21\text{kg C} \cdot \text{hm}^{-2} \cdot \text{a}^{-1}$)>单施有机肥($-0.30\text{kg C} \cdot \text{hm}^{-2} \cdot \text{a}^{-1}$)>单施无机肥($-0.99\text{kg C} \cdot \text{hm}^{-2} \cdot \text{a}^{-1}$),施肥处理对山核桃林地土壤 CH₄ 排放无显著影响。

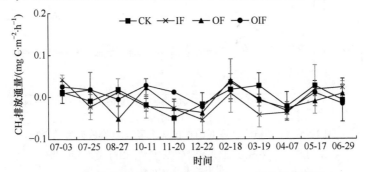

图 10-3 不同施肥处理对山核桃林土壤 CH₄ 排放通量的影响

CK,对照;IF,单施无机肥;OF,单施有机肥;OIF,有机无机肥配施。
平均值±标准误(n=4)(mean±s$\bar{x}$)(n=4)

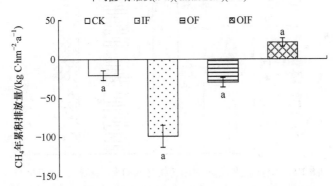

图 10-4 不同施肥处理对山核桃林土壤 CH₄ 年累积排放量的影响

CK,对照;IF,单施无机肥;OF,单施有机肥;OIF,有机无机肥配施。
误差线表示标准差(n=3),不同字母表示新复极差法多重比较差异显著(P<0.05)

第三节 施肥对土壤 N₂O 排放的影响

由图 10-5 可知,不同施肥处理土壤 N₂O 排放通量均存在明显的季节变化,并呈现出相同的季节变化模式：夏季最高，冬季最低。对照、单施无机肥、单施有机肥和有机无机肥配施处理下，土壤 N_2O 的排放通量范围分别为$-0.017 \sim 0.045$mg $N \cdot m^{-2} \cdot h^{-1}$，$-0.001 \sim 0.062$mg $N \cdot m^{-2} \cdot h^{-1}$，$-0.021 \sim 0.136$mg $N \cdot m^{-2} \cdot h^{-1}$ 和$-0.016 \sim 0.161$mg $N \cdot m^{-2} \cdot h^{-1}$。同时，施肥显著增加土壤 N_2O 年平均排放通量和年累积排放量($P < 0.05$)，表现为：与 CK 处理(年平均排放通量和年累积排放量分别为 0.014mg $N \cdot m^{-2} \cdot h^{-1}$ 和 0.94kg $N \cdot hm^{-2} \cdot a^{-1}$)相比，单施无机肥、单施有机肥和有机无机肥配施处理土壤 N_2O 年平均排放通量分别增加78.03%、46.69%和15.76%，而 N_2O 年累积排放量分别增加114.41%、131.05%和106.12%(图 10-5 和图 10-6)。

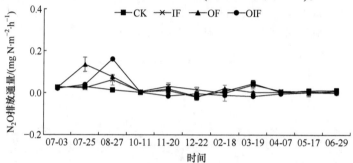

图 10-5　不同施肥处理对山核桃林土壤 N_2O 排放通量的影响

CK，对照；IF，单施无机肥；OF，单施有机肥；OIF，有机无机肥配施。

平均值±标准误($n=4$)

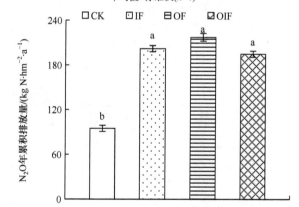

图 10-6　不同施肥处理对山核桃林 N_2O 年累积排放量的影响

CK，对照；IF，单施无机肥；OF，单施有机肥；OIF，有机无机肥配施。

误差线表示标准差($n=3$)，不同字母表示新复极差法多重比较差异显著($P < 0.05$)

第四节　不同施肥处理山核桃林地土壤温室气体的综合温室效应

表 10-1 显示了测试期间不同施肥对山核桃林地土壤 CO_2、N_2O 和 CH_4 的温室

效应。根据土壤排放的 CO_2、N_2O 和 CH_4 通量，以摩尔 CO_2 为 1、N_2O 为 298、CH_4 为 25，计算了不同施肥处理条件下土壤排放温室气体可能导致的相对温室效应，通过评价全球增温潜势(GWP)来控制山核桃林地土壤的温室效应。分析表明，单施有机肥处理对全球温室效应的贡献为 $1274.0g\ CO_2\cdot m^{-2}$，小于对照及其他施肥处理。可见，单施有机肥处理对于减少林地土壤温室气体排放和降低全球增温潜势效果最好。

表 10-1 测试期间土壤排放的 CO_2、N_2O 和 CH_4 通量及其贡献的温室效应

处理	温室气体排放量			相对温室效应			总效应
	CO_2-C /(g C·m^{-2})	N_2O-N /(mg N·m^{-2})	CH_4-C /(mg C·m^{-2})	CO_2 /(g CO_2·m^{-2})	N_2O /(g CO_2·m^{-2})	CH_4 /(g CO_2·m^{-2})	/(g CO_2·m^{-2})
CK	390.7	94.0	−21.0	1432.6	44.0	−1.9	1474.6
IF	506.8	201.4	−99.0	1858.1	94.3	−9.1	1943.4
OF	320.5	217.1	−29.8	1175.1	101.7	−2.7	1274.0
OIF	379.3	193.7	21.5	1390.9	90.7	2.0	1483.6

注：CK，对照；IF，单施无机肥；OF，单施有机肥；OIF，有机无机肥配施。

第五节 小结与讨论

山核桃林地土壤温室气体排放呈明显的季节变化规律，均表现为土壤 CO_2 和 N_2O 排放通量夏季最高、冬季最低；土壤 CH_4 的排放呈波浪形变化，没有明显的季节规律。单施无机肥处理显著增加山核桃林地土壤 CO_2 排放($P<0.05$)，单施有机肥和有机无机肥配施处理对土壤 CO_2 排放无显著影响。与对照相比，施肥处理均显著增加了土壤 N_2O 排放($P<0.05$)，不同施肥处理对土壤 CH_4 排放均无显著影响。不同施肥处理土壤温室气体排放的综合温室效应(GWP)的大小顺序为：单施无机肥($1943.4g\ CO_2\cdot m^{-2}$)>有机无机肥配施($1483.6g\ CO_2\cdot m^{-2}$)>对照($1474.6g\ CO_2\cdot m^{-2}$)>单施有机肥($1274.0g\ CO_2\cdot m^{-2}$)，单施有机肥是固碳减排最为理想的施肥措施。

第十一章　生草栽培对山核桃林土壤温室气体通量的影响

IPCC 报告指出，在所有的温室气体中，CO_2、N_2O 和 CH_4 对温室效应的贡献量分别占第一、第二和第四位，而且与陆地生态系统碳氮循环密切相关。CO_2 在大气中的寿命是很活跃的，而 N_2O 和 CH_4 的平均寿命分别为 114 年和 12 年，即在 100 年的时间尺度范围内，单位质量的 N_2O 和 CH_4 的全球增温潜势分别为 CO_2 的 298 倍和 25 倍。

近几十年以来国内外生态学家和土壤学家对森林土壤碳储量及碳的循环过程极为关注，在全球范围内针对不同地区不同森林类型的土壤碳储量和土壤温室气体等一系列问题开展了大量的试验与研究并得出相应的结论，所以研究森林生态系统对研究温室气体排放有着巨大的作用。

本章选择的是山核桃林的清耕、天然生草、油菜和紫云英四种山核桃林下处理。紫云英具有平衡土壤养分等功能，而且紫云英又可以当作肥料，提供大量的绿肥；油菜是我国南方种植的一种植物，具有很高的经济价值，据测定，每生产 100kg 油菜籽，氮、磷、钾三者的比例为 1∶0.35∶0.95，对三要素的需求量相当于禾谷类作物的 3 倍以上，对于平衡土壤肥力具有很大的意义。

第一节　生草栽培对土壤 CO_2 排放的影响

一、山核桃林土壤 CO_2 排放

由图 11-1 可知，不同生草栽培对山核桃林地土壤 CO_2 排放呈现明显的季节变化规律，主要表现在夏季高、冬季低。测定期间不同处理土壤 CO_2 平均排放速率分别为：油菜($62.1mg\ C \cdot m^{-2} \cdot h^{-1}$)>紫云英($40.4mg\ C \cdot m^{-2} \cdot h^{-1}$)>天然生草($37.4mg\ C \cdot m^{-2} \cdot h^{-1}$)>空白($36.6mg\ C \cdot m^{-2} \cdot h^{-1}$)。

由图 11-2 可知，不同处理土壤 CO_2 年累积排放量的大小顺序为：油菜($483.0g\ C \cdot m^{-2}$)>紫云英($312.7g\ C \cdot m^{-2}$)>天然生草($312.1g\ C \cdot m^{-2}$)>空白($306.1g\ C \cdot m^{-2}$)，油菜栽培显著增加了山核桃林地土壤 CO_2($P<0.05$)，空白处理、紫云英和天然生草栽培对土壤 CO_2 排放没有显著影响，而天然生草、油菜、紫云英三种处理，年累积排放量分别为空白处理的 102%、133%、102%。

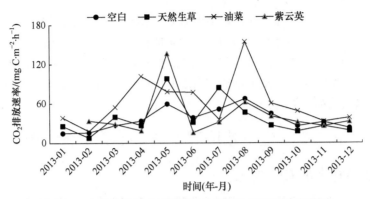

图 11-1　生草栽培对山核桃林地土壤 CO_2 排放速率的影响

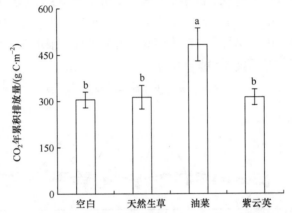

图 11-2　生草栽培对山核桃林地土壤 CO_2 年累积排放量的影响

不同字母表示新复极差法多重比较差异显著($P<0.05$)

二、小结与讨论

　　不同处理山核桃林地土壤 CO_2 排放均呈现相似的季节变化规律，表现为冬春季低、夏秋季高。土壤呼吸是一种复杂的生物学过程，受到多种因素的影响。它不仅受到土壤温度、土壤含水量、凋落物以及土壤 C、N 含量等非生物因子的影响，而且受到植被类型、根系生物量等生物因子和人类活动的综合影响。温度是影响土壤呼吸的关键因素，两者具有显著的相关关系。当温度在 10～40℃间变化时，土壤呼吸速率随温度的升高而增加。不同的研究者将温度大致分成气温、地表温度，以及地下 5cm、10cm、15cm 和 20cm 处土层温度。其中，土壤呼吸速率与土壤温度尤其是地下 5cm(代表微生物活动层)处的相关性被普遍认为最好，呈显著的相关关系。在土壤表层的土壤微生物活动最旺盛，对总的土壤呼吸速率的贡献最大，地下 5cm 处的土壤温度能较准确地反映温度对土壤微生物的影响。本研究中，空白、天然生草和油菜处理的土壤 CO_2 排放通量与地下 5cm 土壤温度均呈现显著相关性。本研究中油菜栽培土壤 CO_2 排放显著高于其他处理，这可能是由于油菜栽培为山核桃林地土壤输入了大量的植物残体，植物残体在分解过程中产生了大量的 CO_2。李海防等研究发现去除林下植被能显著增加土壤 CO_2 的排放，而本研究结果发现保留天然生草和空白之间土壤 CO_2 排放没有显著差异性，这与研究对象以及植被种类有关。

第二节　生草栽培对土壤 CH_4 排放的影响

一、山核桃林土壤 CH_4 排放

如图 11-3 所示，空白、油菜和紫云英栽培土壤 CH_4 的排放速率变化均较平稳，没有明显的季节性，土壤 CH_4 的平均排放速率分别为 $-13.2\mu g\ C \cdot m^{-2} \cdot h^{-1}$、$13.1\mu g\ C \cdot m^{-2} \cdot h^{-1}$ 和 $35.7\mu g\ C \cdot m^{-2} \cdot h^{-1}$。天然生草土壤 CH_4 的排放和其他处理不同，在生草的生长季（4～10 月）期间，土壤 CH_4 的排放呈现波浪形变化规律，土壤 CH_4 的平均排放速率为 $91.7\mu g\ C \cdot m^{-2} \cdot h^{-1}$。

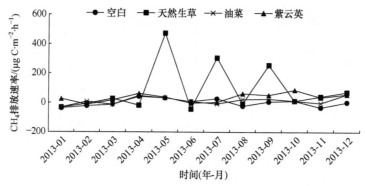

图 11-3　生草栽培对山核桃林地土壤 CH_4 排放速率的影响

由图 11-4 可知，除空白外，天然生草、油菜和紫云英栽培山核桃林地土壤均表现为 CH_4 的源。土壤 CH_4 的年累积排放量的大小顺序为：天然生草（$806.3mg\ C \cdot m^{-2}$）>紫云英（$308.5mg\ C \cdot m^{-2}$）>油菜（$137.2mg\ C \cdot m^{-2}$）>空白（$-61.5mg\ C \cdot m^{-2}$）。天然生草和紫云英显著增加了山核桃林地土壤 CH_4 的排放（$P<0.05$），油菜对土壤 CH_4 排放没有显著影响。

二、小结与讨论

土壤 CH_4 的产生需要底物以及合适的环境条件。土壤 CH_4 通量表现正值或负值是甲烷产生菌和甲烷氧化菌共同作用的结果。在有氧条件下，甲烷氧化菌活性增强；而在厌氧条件下，甲烷产生菌活性加大。土壤有机碳的增加为 CH_4 的产生提供了大量的底物，可促进 CH_4 的产生和排放。本试验的研究结果表明，空白、

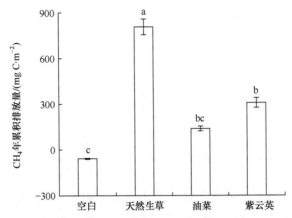

图 11-4 生草栽培对山核桃林地 CH_4 年累积排放量的影响

不同字母表示新复极差法多重比较差异显著($P<0.05$)

天然生草、油菜和紫云英栽培土壤 CH_4 的排放速率变化均较平稳，没有明显的季节性。本研究中，空白、天然生草、紫云英和油菜处理均表现为土壤 CH_4 的源，生草栽培显著增加了山核桃林地土壤 CH_4 的排放($P<0.05$)。本研究中与空白处理相比，天然生草、油菜和紫云英处理土壤有机碳分别增加了 26%、21% 和 41%，为 CH_4 的产生提供了更多的底物，促进了 CH_4 的排放。各处理在不同季节分别表现为甲烷的源或汇，这和一些人关于亚热带林地的研究结果类似。此外，山核桃林地土壤 CH_4 的吸收和排放还可能与根系分泌物、土壤机械组成等因素有关。

第三节 生草栽培对土壤 N_2O 排放的影响

一、山核桃林土壤 N_2O 排放

由图 11-5 可知，不同生草栽培对山核桃林地土壤 N_2O 排放的季节变化规律基本一致，表现为夏季高、冬季低。测定期间不同处理土壤 N_2O 平均排放速率为：天然生草($7.16\mu g\ N\cdot m^{-2}\cdot h^{-1}$)>紫云英($2.42\mu g\ N\cdot m^{-2}\cdot h^{-1}$)>油菜($0.98\mu g\ N\cdot m^{-2}\cdot h^{-1}$)>空白($0.95\mu g\ N\cdot m^{-2}\cdot h^{-1}$)。天然生草土壤 N_2O 排放速率最高，最高值出现在 7 月，为 $34.61\mu g\ N\cdot m^{-2}\cdot h^{-1}$。

由图 11-6 可知，天然生草和紫云英处理的土壤 N_2O 的累积排放量高于空白处理和油菜处理。不同处理对土壤 N_2O 年累积排放量的大小顺序分别为：天然生草($51.8mg\ N\cdot m^{-2}$)>紫云英($39.6mg\ N\cdot m^{-2}$)>油菜($9.8mg\ N\cdot m^{-2}$)>空白($8.4mg\ N\cdot m^{-2}$)，天然生草和紫云英显著增加了山核桃林地土壤 N_2O 排放($P<0.05$)。

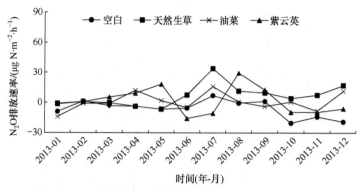

图 11-5　生草栽培对山核桃林地土壤 N_2O 排放速率的影响

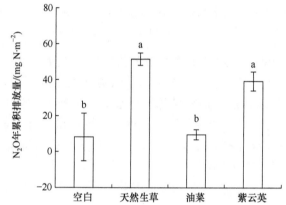

图 11-6　生草栽培对山核桃林地 N_2O 年累积排放量的影响

不同字母表示新复极差法多重比较差异显著($P<0.05$)

二、小结与讨论

　　土壤产生 N_2O 的机制主要表现在土壤微生物将土壤中的硝态氮(NO_3^--N)和铵态氮(NH_4^+-N)转化为亚硝酸根(NO_2^-)或者硝酸根(NO_3^-),进而由硝化微生物和反硝化微生物经过硝化和反硝化作用产生 N_2O。土壤产生 N_2O 的产生受温度、水分、土壤性质、植物系统、施肥等多种因素的影响。本研究结果表明,不同处理土壤 N_2O 的排放均与土壤温度和水分含量没有显著相关性,土壤 N_2O 的排放差异可能是由于生草栽培导致的植物系统差异。不同植物系统土壤 N_2O 的排放特点不同。植物根系及其分泌物会改变土壤的物理化学性质,促进土壤微生物过程和 N_2O 产生,根系生长不仅消耗氧气、氮素、水分,还能改变土壤结构,分泌有机酸改变土壤 pH,并提供有机碳化合物刺激微生物活动,根系残落物和分泌物会导致根际反硝化强度增加,反硝化微生物的活性与根区含碳物质的浓度密切相关。研究发现,在尾叶桉林和马占相思林中增加固氮植物处理可以增加土壤氧化亚氮的排放，也有结果表明，不同的林下植被管理对氧化亚氮的产生随着森林的不同而不同。天然生草和紫云英处理的氧化亚氮的年累积排放量高于空白处理和油菜处理。不同处理对土壤 N_2O 年累积排放量的大小顺序分别为：天然生草(51.8mg $N \cdot m^{-2}$)>紫云英(39.6mg $N \cdot m^{-2}$)>油菜(9.8mg $N \cdot m^{-2}$)>空白(8.4mg $N \cdot m^{-2}$)(图11-4)。本研究中发现，天然生草和紫云英处理的 N_2O 的年累积排放量高于空白处理和油菜处理，天然生草和紫云英显著增加了山核桃林地土壤 N_2O 的排放($P<0.05$)，油菜栽培对 N_2O 的排放没有显著影响。

第四节　不同生草栽培山核桃林土壤温室气体的综合温室效应

一、山核桃林土壤温室气体综合温室效应

图11-7为生草栽培对山核桃林地土壤温室气体排放综合温室效应的影响，不同处理综合温室效应大小顺序为：油菜(1788.2g $CO_2 \cdot m^{-2}$)>天然生草(1242.5g $CO_2 \cdot m^{-2}$)>紫云英(1207.3g $CO_2 \cdot m^{-2}$)>空白(1097.4g $CO_2 \cdot m^{-2}$)；油菜处理的综合温室效应显著高于其他处理($P<0.05$)，天然生草和紫云英栽培对综合温室效应没有显著影响。

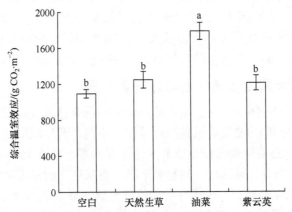

图 11-7　生草栽培对山核桃林地土壤温室气体的综合温室效应的影响

不同字母表示新复极差法多重比较差异显著($P<0.05$)

二、小结与讨论

不同处理山核桃林地土壤温室气体排放综合温室效应的大小顺序为：油菜(1788.2g $CO_2 \cdot m^{-2}$)>紫云英(1207.3g $CO_2 \cdot m^{-2}$)>天然生草(1178.7g $CO_2 \cdot m^{-2}$)>空白(1105.5g $CO_2 \cdot m^{-2}$)；油菜处理的综合温室效应显著高于其他处理($P<0.05$)。天然生草和紫云英栽培对综合温室效应没有显著影响，表明保留天然生草和林下种植紫云英是山核桃林地两种较为理想的经营措施。

第十二章　结论与建议

第一节　主 要 结 论

一、山核桃林土壤肥力的时空格局及影响因素

2008～2013 年，临安区山核桃林地土壤水解性氮和速效钾含量显著降低，分别下降了 19.4mg·kg^{-1} 和 55.6mg·kg^{-1}，pH 从 5.5 下降到 5.3，有机碳含量下降了 0.2g·kg^{-1}，有效磷含量升高了 0.5mg·kg^{-1}。经过 5 年的经营，山核桃林地土壤肥力指标的标准差变小，变异程度降低，土壤 pH、水解性氮和有效磷含量的空间自相关性减弱，自相关距离减小，而有机碳和速效钾含量的空间分布连续性增强，自相关距离增加。

山核桃林地土壤肥力的变化主要受海拔、母岩及不同乡镇的人为经营的影响。海拔、母岩、不同乡镇的人为经营对土壤 pH、水解性氮、速效钾的变化有显著影响($P<0.05$)，海拔和不同乡镇的人为经营显著影响着土壤有机碳的变化($P<0.05$)，土壤有效磷含量的变化受不同乡镇的人为经营的影响显著($P<0.05$)。岛石镇土壤有机碳和速效氮、磷、钾含量的降幅最大，pH 则以清凉峰镇和岛石镇降低最多。

二、不同经营年限山核桃林土壤有机碳特征

应用空间代替时间的方法，定位研究了天然混交林(0 年)、山核桃纯林(5 年、10 年、15 年、20 年)的土壤有机碳变化规律。不同经营年限山核桃林地表层土壤(0～10cm)各种形态有机碳质量分数及变化幅度均高于底层(10～30cm)；山核桃林强度经营后，土壤有机碳质量分数显著下降，有机碳库的稳定性增强，与 0 年相比，经过 5 年的强度经营，土壤有机碳质量分数下降了 28.37%；20 年后，则下降了 38.64%，降低的有机碳组分以 N-烷氧碳为主，下降了 25.09%，而芳香碳、酚基碳的比例则分别增加了 17.85%，27.66%，芳香度提高了 23.01%；集约经营 20 年后，土壤胡敏酸碳、胡敏素碳占总有机碳的比例下降，而富里酸碳占总有机碳的比例则升高；山核桃林土壤有机碳化学结合以铁/铝键结合为主，占总有机碳比例达 52.1%～65.3%，集约经营 20 年后，土壤钙键有机碳、铁/铝键有机碳、惰性有机碳质量分数分别下降了 31.91%、43.12%、40.02%；经营过程中土壤有机碳的减少部分以轻组有机碳、颗粒态有机碳为主，经营 20 年后，其质量分数分别下降了 68.24%和 67.58%；林地土壤水溶性有机碳(WSOC)、微生物量碳(MBC)质量分数在一年中的变化规律表现为在 4 月、7 月较高，而 1 月、10 月较低，经过 5

年的强度经营，MBC、WSOC 质量分数分别下降了 34.10%和 53.29%，20 年后，质量分数分别下降了 48.91%和 64.10%。

三、混交林转变为山核桃林后土壤肥力的变化

(一) 土壤理化性质的变化

通过 2007～2008 年动态监测浙江临安新桥乡下许村、岛石镇直川村、横路乡登村山核桃林地表层土壤，比较 1982 年和 2008 年林下土壤理化性质，发现山核桃林地土壤养分不平衡，有效氮、磷、钾含量随果实生长均下降，有效磷水平较低，在生长旺盛的 7 月，80%的林地土壤有效磷低于 5mg·kg^{-1}。

更新造林后，林地土壤>0.02mm 的砂粒含量从 23.79%提高到 29.38%，提高了 23.50%，而<0.02mm 颗粒(粉粒+黏粒)含量则从 76.21%下降为 70.62%，这与有机质含量的减少也是相吻合的。人工经营后，由于表层土壤的流失，土壤中<0.02mm 颗粒含量容易产生迁移，所以更新造林后其含量下降，而>0.02mm 的砂粒含量则升高，这与山核桃林地土壤的沙化也是相符的。

(二) 土壤微生物功能多样性的变化

0 年、5 年与 10 年、15 年、20 年土壤微生物活性的平均颜色变化率(AWCD)呈显著性差异($P<0.05$)，微生物利用碳源的多样性 Shannon 指数(H)和均匀度指数(E)则表现为 0 年、5 年与 15 年、20 年间的差异达显著水平($P<0.05$)。

四、生草栽培对山核桃林土壤质量的影响

(一) 生草栽培对土壤物理性质的影响

相对清耕区，生草区对土壤温度起到了不同程度的冬季保温、夏季降温作用，明显提高地表湿度。生草区温度和湿度的波动范围较小，且抑制深层土壤温度的上升，综合分析表明白三叶和杂草效果较好。

山核桃林内种植生草及保留天然杂草与清耕相比，能够减缓土壤水分的蒸散作用，增强了土壤保水能力，能有效提高表层土的土壤含水量。但在 4 月，生草区含水量普遍很低，这也表明在干旱季节生草的生长过程中与树体存在争夺水分的现象，使林地水分消耗增大。

(二) 生草栽培对土壤化学性质的影响

山核桃林内生草栽培使土壤有机质含量提高，尤其是 7 月，油菜、白三叶、紫云英分别比清耕提高了 43%、20%、21%。山核桃林内生草栽培使土壤全氮、全磷、全铁、全锰、全钙、全镁平均含量高于清耕，但对土壤全钾含量提高幅度不大。有效态氮、磷、钾、铁、锰、锌均有不同程度的提高，土壤交换性钾、钙、镁含量较清耕高，但是交换性镁提高幅度不大，在整个生长过程中白三叶、油菜、杂草较优。

(三) 生草栽培对土壤有机碳的影响

不同生草栽培后，山核桃林地土壤有机碳质量分数显著增加，与清耕相比，种植油菜、黑麦草、紫云英4年后土壤有机碳质量分数分别提高了23.12%、26.61%和24.74%，增加的有机碳组分以羧基碳为主，但并未改变土壤碳库的稳定性；生草后显著提高了林地土壤 MBC 和 WSOC 质量分数，MBC 增加了 138.61%~159.68%，WSOC 提高了 56.24%~69.47%。

(四) 生草栽培对土壤微生物的影响

种植油菜、黑麦草、紫云英4年后3种生草的土壤微生物活性 AWCD 显著高于清耕，微生物利用碳源的多样性 Shannon 指数(H)和均匀度指数(E)则表现为油菜、紫云英处理显著高于清耕。

(五) 生草栽培对土壤酶活性的影响

生草不同生长阶段，土壤酶活性强度不同。不同处理土壤酶活性随着土层的加深而降低。生草区酶活性平均高于清耕区。其中表层土，1月杂草区脲酶活性较清耕提高了48.9%，4月、7月白三叶提高脲酶活性显著。在20~40cm 土层中，杂草在四个季节均明显提高土壤脲酶活性；6 种处理蔗糖酶活性在两个土层的变化趋势一致，其中4月提高幅度较大，而7月最低。整个过程中杂草和白三叶效果佳。过氧化氢酶活性四个季节变化幅度不大，7 月表层土其活性较高，其中白三叶和黑麦草较对照提高 23.64%和 13.92%。由于不同生草的生物学特性不同，它们在不同的季节表现的性能不同，如油菜和黑麦草在1月和4月提高幅度较大，10月白三叶和杂草对过氧化酶活性提高较大。

五、施肥对山核桃林土壤温室气体通量的影响

山核桃林地土壤温室气体排放呈明显的季节变化规律，均表现为土壤 CO_2 和 N_2O 排放通量夏季最高、冬季最低；土壤 CH_4 的排放呈波浪形变化，没有明显的季节规律。单施无机肥处理显著增加山核桃林地土壤 CO_2 排放($P<0.05$)，单施有机肥和有机无机肥配施处理对土壤 CO_2 排放无显著影响。与对照相比，施肥处理均显著增加了土壤 N_2O 排放($P<0.05$)。不同施肥处理对土壤 CH_4 排放均无显著影响。不同施肥处理土壤温室气体排放的综合温室效应(GWP)的大小顺序为：单施无机肥(1943.4g $CO_2 \cdot m^{-2}$)>有机无机肥配施(1483.6g $CO_2 \cdot m^{-2}$)>对照(1474.6g $CO_2 \cdot m^{-2}$)>单施有机肥(1274.0g $CO_2 \cdot m^{-2}$)，单施有机肥是固碳减排最为理想的施肥措施。

六、生草栽培对山核桃林土壤温室气体通量的影响

(一) 生草栽培对土壤 CO_2 排放的影响

不同生草栽培山核桃林地土壤 CO_2 排放均呈现明显的季节变化规律，主要表现在夏秋季高、冬春季低。不同处理山核桃林地土壤 CO_2 年累积排放量的大小顺

序为：油菜($483.0g\ C \cdot m^{-2}$)>紫云英($312.7g\ C \cdot m^{-2}$)>天然生草($312.1g\ C \cdot m^{-2}$)>空白($306.1g\ C \cdot m^{-2}$)，油菜栽培显著增加了山核桃林地土壤 CO_2 排放($P<0.05$)，紫云英和天然生草对土壤 CO_2 排放没有显著影响。

(二) 生草栽培对土壤 CH_4 排放的影响

空白、天然生草、油菜和紫云英栽培山核桃林地土壤均表现为 CH_4 的源，生草栽培显著增加了山核桃林地土壤 CH_4 的排放($P<0.05$)。

(三) 生草栽培对土壤 N_2O 排放的影响

天然生草($51.8mg\ N \cdot m^{-2}$)和紫云英($39.6mg\ N \cdot m^{-2}$)土壤 N_2O 的年累积排放量显著高于空白($8.4mg\ N \cdot m^{-2}$)和油菜($9.8mg\ N \cdot m^{-2}$)。天然生草和紫云英显著增加了山核桃林地土壤 N_2O 排放($P<0.05$)，油菜栽培对土壤 N_2O 排放没有显著影响。

(四) 不同生草栽培土壤温室气体的综合温室效应

不同处理山核桃林地土壤温室气体排放综合温室效应的大小顺序为：油菜($1788.2g\ CO_2 \cdot m^{-2}$)>紫云英($1207.3g\ CO_2 \cdot m^{-2}$)>天然生草($1178.7g\ CO_2 \cdot m^{-2}$)>空白($1105.5g\ CO_2 \cdot m^{-2}$)；油菜处理的综合温室效应显著高于其他处理($P<0.05$)；油菜处理的综合温室效应显著高于其他处理($P<0.05$)，天然生草和紫云英栽培对综合温室效应没有显著影响。结果表明，保留天然生草和林下种植紫云英是山核桃林地两种较为理想的经营措施。

七、施肥与植物篱对山核桃林土壤养分流失的影响

(一) 施肥对山核桃林土壤养分径流的影响

通过设置径流小区试验，定位研究不同施肥条件下山核桃林氮磷径流流失特征。结果表明，随着施肥时间的推移，氮磷流失均呈现降低的趋势，氮磷流失以可溶态氮、可溶态磷为主，分别占总氮、总磷的 $79.43\%\sim83.60\%$ 和 $47.65\%\sim75.39\%$。山核桃专用肥的施用对氮磷养分流失起到了良好的调控作用，与常规施肥(氮、磷流失负荷分别为 $523.41g \cdot hm^{-2}$、$36.87g \cdot hm^{-2}$)相比，山核桃专用肥的撒施和沟施使氮、磷流失负荷分别下降了 35.73%、32.37% 和 43.37%、38.46%，故山核桃专用肥料沟施能有效减少前期氮磷养分流失的风险。

(二) 施肥对山核桃林土壤养分渗漏的影响

山核桃林土壤中渗透水中的总氮、可溶性氮、硝态氮、亚硝态氮均呈现相近的规律，均呈现前期浓度出峰期以及后期下降稳定期，但滞后于铵态氮，并在 2 次施肥后浓度逐渐趋向为"低—高—低"，因此对施肥后氮素流失进行监控显得极其重要，以防止地下水污染。而铵态氮，在化肥施入土壤后，其浓度迅速增加，然后逐渐下降趋于平衡。一般情况下渗漏水中的硝态氮>铵态氮>亚硝态氮。6～

11 月，渗漏水中硝态氮平均含量为 7.7mg·L^{-1}，占全氮的 65.25%，故硝态氮的流失是渗滤流失的主要形式。

山核桃林中的总磷和可溶性磷在施肥初期均达到最大值，随后逐渐降低，18d 后水样可溶性磷和总磷，除小幅波动外，均趋于稳定。总磷、可溶性磷平均含量分别为 0.68mg·L^{-1}、0.56mg·L^{-1}。

6～11 月，土壤渗漏水中 F^{-}浓度变化呈现相对稳定，浓度范围在 0.26～0.53mg·L^{-1}。山核桃林土壤渗漏水 SO$_4^{2-}$浓度的动态变化规律与 Cl^{-}相似，都是化肥施入土壤后，其浓度迅速增加，继而逐渐下降趋于平衡。6～11 月，两者渗漏流失平均浓度分别为 12.46mg·L^{-1}、2.53mg·L^{-1}。化肥施用，导致土壤中 Cl^{-}、SO$_4^{2-}$ 等强酸性阴离子的增加，使得土壤 pH 下降，就这一点来讲也应该控制化肥的施入量。山核桃林土壤渗漏水中 c(Ca^{2+})>c(K^{+})>c(Mg^{2+})，三者动态变化规律基本相近，其平均浓度分别为 12.84mg·L^{-1}、7.5mg·L^{-1}、4.11mg·L^{-1}。

(三) 植物篱对山核桃林土壤渗漏流失的影响

雷竹、红叶石楠、黑麦草、空白对照 4 个植物篱的定位试验表明：雷竹植物篱在滞缓径流、增加渗流量、净化氮磷浓度、拦截氮磷总量方面效果最优，而对照效果最差，红叶石楠和黑麦草居中。雷竹、红叶石楠、黑麦草和对照四个植物篱的全氮拦截负荷分别为 7.52kg·hm^{-2}、7.21kg·hm^{-2}、6.95kg·hm^{-2}、4.10kg·hm^{-2}，总磷拦截负荷分别为 0.34kg·hm^{-2}、0.14kg·hm^{-2}、0.29kg·hm^{-2}、–0.03kg·hm^{-2}。不同植物篱中可溶态氮、可溶态磷均为总氮、总磷的主要淋失形态。

八、不同土壤肥力对山核桃干腐病的影响

(一) 土壤微生物多样性与山核桃干腐病

生态经营山核桃林土壤 pH 为 6.64，接近中性，显著高于土壤呈酸性的过度经营山核桃林土壤。过度经营山核桃林土壤速效磷、速效钾和速效氮含量分别为 18.10mg·kg^{-1}、698.63mg·kg^{-1} 和 227.13mg·kg^{-1}，均显著高于生态经营山核桃林土壤。生态经营山核桃林的干腐病感病指数为 3.33，显著低于感病指数 81.93 的过度经营山核桃林。

在属水平上，生态与过度经营山核桃林土壤分别有 14 个与 21 个主要细菌属，8 个与 27 个主要真菌属。生态经营山核桃林土壤中的细菌与真菌优势属相对多度均显著高于过度经营山核桃林土壤。过度经营山核桃林土壤中的细菌与真菌优势属相对多度均显著高于生态经营山核桃林土壤。两种经营模式下山核桃林土壤细菌、真菌均有较高的物种多度和多样性。过度经营山核桃林土壤真菌的 Ace 指数、Chao 指数、Shannon 指数和 Simpson 指数分别为 451、441、4.11 和 0.905，均显著高于生态经营山核桃林土壤。土壤肥力因子中的 pH、速效磷、速效氮为土壤细

菌优势属群落结构的显著性影响因子；pH、速效钾、速效氮为土壤真菌优势属群落结构的显著性影响因子。

(二) 土壤化学性质与山核桃干腐病

土壤 pH、碱解氮和速效钾是影响干腐病发生和感病程度的 3 个主要肥力因子；土壤 pH 与氮钾养分平衡状况协同决定了干腐病的发生与否；随着土壤 pH 的下降，对应的干腐病发生的临界氮钾比值相应减小。因此，当 pH 一定时，土壤氮、钾养分供应的相应平衡是防治干腐病发生的土壤关键养分条件。

当土壤 pH 低于 5.2，或土壤平均速效钾低于 80mg·kg^{-1} 时，山核桃干腐病的发生风险显著增高；当土壤 pH 高于 6.0、速效钾高于 130mg·kg^{-1} 时，感病风险明显下降。

九、土壤管理及采收方式对山核桃生长的影响

施肥、除草等经营措施在短期内对山核桃叶片营养元素含量存在一定的影响，但影响不显著。氮、磷、钾、钙等大量元素在生长周期内不同的措施条件下没有明显差异，氮、磷含量随着时间推移，含量逐渐变小，钙的含量逐渐增大，这与山核桃的生长有关。在 7 月，除草措施与叶片铁、锰含量有极显著的相关性；在 4 月施肥，施肥量的不同显著影响叶片锌元素的含量；在 7 月、10 月施肥，施肥量与铁元素有显著相关性。不同的措施对果实的出籽率与粗蛋白的含量存在一定影响。

张网采收相较于敲打采收在一定程度上提高了山核桃果实品质。本书研究比较了张网采收 3 年、5 年、6 年的山核桃果实品质与敲打采收的山核桃果实品质的差异。调查发现，张网采收 5 年的山核桃果实平均质量最大，且随着张网采收年限增加，鲜果质量变异系数减小；而张网采收 6 年的果核质量最大。敲打采收的山核桃果皮厚度变异系数最大，张网采收 3 年的变异系数最小；随着张网采收年限的增加，山核桃核壳厚度不断减小，说明张网采收对山核桃品质有提升作用。随着张网采收年份的增加，山核桃果形指数增加，果实形状更偏向于椭圆形，其中张网采收 5 年的山核桃果形指数最大；纵径张网采收 5 年的最大，但是随着年限的增加，果核横径和纵径的变异系数减小，说明种子均匀度增加。此外，鲜果质量与果形指数呈极显著正相关($P<0.01$)，果核质量与出仁率呈极显著正相关($P<0.01$)。

第二节　山核桃林地土壤管理建议

高校、科研院所相关研究人员研发了山核桃生态化栽培技术并得到了有效推广，山核桃产业总体呈健康可持续发展态势，但由于长期的过度经营和无序发展，导致山核桃林地水土流失、土壤质量退化等环境问题。为了实现山核桃产区生态

效益和经济效益的有效耦合，需要全面系统地对山核桃林地进行科学管理，对土壤管理提出以下主要建议。

一、实施测土配方施肥

肥料是山核桃生长结果所需要的营养元素，施肥是保证山核桃高产稳产的必要措施。必须开展测土配方施肥，把握好合理的肥料品种和配比、合理的施肥量、正确的施肥时间和施肥方法。

(一) 肥料品种

化肥肥效高且易快速吸收，但如果长期不合理地施用，会造成土壤酸化板结，对山核桃生长和环境造成不良影响，甚至造成山核桃减产和死亡。有机肥具有很好的改良培肥土壤、促进山核桃健康、提高山核桃品质的作用，但其养分含量低。在生产上应该有机肥、生物肥、化肥、土壤改良剂配合施用，既要满足山核桃生长结果需要，又要防止林地土壤退化。

(二) 测土配方施肥

成年山核桃全年每亩需要的肥料折算成化肥，相当于尿素 4～11kg、普通磷肥 4～16kg、硫酸钾 4～12kg。由于山核桃林地土壤条件、山核桃生长势的差异很大，那么所需养分差异也很大，对养分数量、比例的要求不同，因此理论上是没有适用于所有不同类型山核桃林地的"理想"肥料。

因此，需要开展测土配方施肥，依据山核桃需肥规律和土壤样品检测结果，由专家系统提供各养分元素配方及推荐使用量，结合实际提出肥料品种、肥料配比、具体肥料用量，指导林农既科学合理地施肥，又防止林地退化、减少面源污染及不必要的浪费。

土壤取样方法要正确，土壤取样的时间要在施肥之前，一般在 11 月至次年 3 月。在山核桃林内按"S"形路线，随机布设取样点(点与点之间的距离大致相等)，至少 5 个点，取样点要避开林缘、路边、施过肥料等特殊的地方，以及与其他农户交界的区域。

取样前，去除表面的枯枝落叶，挖一个土壤垂直剖面，从上至下均匀地取 0～20cm 表土层土壤，每个点挖取土壤的数量一致，把园内所有取样点采来的土壤混合拌匀后留 1～1.5kg 作为检测样品(如果林地含有很多的小石头、石块，不要丢弃，要计算石头在土体中的重量)。

(三) 施肥时间与施肥量

山核桃一年四季的生长有差异，对养分的需求也不同，施入土壤的肥料养分也不是马上就可以被植物吸收利用的，因此，肥料要提前施用，如遇到特殊情况，可以通过叶面喷施及时补充养分。

山核桃一般每年施 2～3 次肥料，分别是 3～4 月施花前肥(春肥)、5～6 月幼果坐果后施保果肥(夏肥)、9～10 月施果后肥(秋肥)。这 3 次施肥时间与山核桃生育期养分需求量大(春夏肥)和培养健壮树体(秋肥)相吻合。果后肥充足、山核桃树势强的，可以不施或少施花前肥。

秋季施果后肥是基肥，要重施，用量占全年的 60%～70%，品种上要强调有机肥料为基础，有机、无机肥料配合施用；春肥、夏肥是追肥，以化肥为主。

(四) 施肥方法

现在林农最常用的施肥方法是地表撒施，但是地表撒施肥料容易挥发和流失，并不利于根系向地下发展，造成浮根，因此提倡沟施和穴施。无论何种施肥方法，都要注意离山核桃主干 1.5m 以上，肥料大致要施在树冠投影范围内，再次施肥时，施肥沟(穴)位置不能与上次施肥在同一地点。

沟施：挖土深约 5～10cm，施肥后覆土，由于条施比撒施深、肥料集中，肥效损失少，有利于将肥料施到作物根系层，因此有"施肥一大片，不如一条线"之说。根据山核桃林地、地形地势，可以条状沟施、环状沟施、放射状沟施。

穴施：在山核桃林内多点挖穴或打孔施肥，采用穴施的有机肥须充分腐熟，化肥须适量，避免穴内肥料浓度过高而伤害作物根系。

二、优化山核桃林地分类经营

根据现在山核桃分布区域、地理位置及生产特点，选择不同经营模式，实现分类经营，贯彻标准化、品牌化建设，推进山核桃产业可持续发展。

(一) 封育式生态化经营

在地质灾害高发区、水土流失严重区，以及坡度 ≥25°的上坡、山顶、土层瘠薄的山核桃林地和水源保护区，实施"退果还林"，通过林地的封育式管理，形成以自然生草为主要林下植被的生态化经营模式。适当补植一定的乡土常绿阔叶树种，如樟科、壳斗科、山茶科、冬青等，逐步恢复山核桃林区的森林生态功能，形成稳定复层林结构。

(二) 修复式生态化经营

在经营强度过大、长期使用除草剂、林下植被破坏严重的山核桃林，积极推广以自然生草为林下植被的生态化经营；通过林下套种，形成以山核桃为经营主体，灌木和草本植被覆盖林地的生产模式。这一模式水平带状和网格状套种紫穗槐、南天竹等灌木，形成固定、阻挡泥沙、防止水土流失的网络；套种紫云英、黑麦草等发挥有机培肥作用，增加土壤有机质含量，改良土壤，增强抗旱能力，改善冬季景观。

山核桃林下植被种类的选择能充分利用山核桃落叶期(11 月至次年 4 月)阳

光，有良好的水土保持功能和生物培肥作用的冬季型绿肥为主，并充分考虑山核桃采收前需清理林地的特殊要求。采用多品种混交模式，保护生物多样性，充分发挥种间的互补互利作用，提高光能和土壤利用率。主要的林下植被种类如下：黑麦草、紫云英、油菜、白三叶，可根据具体情况及林农经营习惯进行选择。

(三) 集约式生态化经营

对土壤深厚、坡度平缓、水源方便等立地条件好的山核桃林，引导林农实行集约化经营。进一步完善山核桃林地的道路、灌溉、电力、机械等基础设施，集成先进的水肥管理、病虫害控制等技术，推行"山核桃+经济植物"的集约式生态化经营，即林下经济模式。山核桃林下套种具有一定经济效益的植物种类，如前胡、茶叶、南天竺、石蒜及笋干竹等，在确保环境生态和山核桃产量质量的同时，获得更好的综合效益。该模式适合在坡度<15°、有生产传统、立地条件适宜、坡度平缓的地方应用。规划建设面积 5.0 万亩，同时也包括以紫云英、野油菜等生草为林下植被的生态化经营模式。

三、推广自然落果张网采收

山核桃成熟后自然落果，因此在山核桃采收过程中常采用人为捡拾成熟果实的方法。自然落果虽需 35d 完成采收，但因不需上树，劳动强度小，因此采收安全且成本较低；自然落果的山核桃充分成熟，产量与品质提高；不需敲打，因此不损伤树芽、枝条、树叶，有利于山核桃树健康，会提高第二年产量。

山核桃采收安全网，是自然落果法的升级版。在林中，依照山势在离地 50～100cm 的高度架铺山核桃收集网。山核桃掉落之后，就顺网滚落下来，一直到网下的箩筐。这一方法的推广应用，将极大地降低劳动强度和劳动成本，减少安全隐患，提高劳动效率，同时不需要考虑采收前的林地清理，更加有利于林下植被的自然恢复、增加凋落物、减少水土流失，达到保护生态环境的目的。

四、禁止使用化学除草剂

除草剂是指可使杂草彻底地或选择性地发生枯死的药剂。除草剂会对人体及其他生物产生严重危害，如急性中毒、慢性危害(影响生育)、致癌、致畸、致突变等，同时也严重地破坏了生态平衡，如降低土壤肥力、污染水体等。为了采摘方便，林农使用草甘灵等化学除草剂($22.5kg \cdot hm^{-2}$)，使林下灌木、杂草消失殆尽，水土流失严重，同时山核桃生长在坡度>25°的山上易形成径流，造成土壤侵蚀，导致山核桃林土壤养分流失加剧。因此，山核桃林经营过程禁止使用化学除草剂，以减少水土流失，增加林下植物多样性。

参 考 文 献

白杨. 2014. 生草栽培对山核桃林地土壤温室气体排放的影响. 杭州: 浙江农林大学硕士学位论文.

曹志洪, 周健民. 2008. 中国土壤质量. 北京: 科学出版社.

陈世权. 2012. 山核桃人工林养分诊断及生态经营技术研究. 南京: 南京林业大学博士学位论文.

陈世权, 黄坚钦, 黄兴召, 等. 2009. 不同母岩发育山核桃林地土壤性质及叶片营养元素分析. 浙江林学院学报, 27(4): 572-578.

陈雪双. 2014. 施肥及林下杂草管理对山核桃林地土壤温室气体排放的影响. 杭州: 浙江农林大学硕士学位论文.

陈雪双, 刘娟, 姜培坤, 等. 2014. 施肥对山核桃林地土壤 N_2O 排放的影响. 植物营养与肥料学报, 20(5): 1262-1270.

冯炎龙, 徐荣章. 2002. 利用山核桃、油桐、油茶蒲壳生产碳酸钾和焦磷酸钾. 浙江树人大学学报: 人文社会科学版, (3): 76-78.

傅松玲, 丁之恩, 周根土, 等. 2003. 安徽山核桃适生条件及丰产栽培研究. 经济林研究, (2): 1-4.

谷瑞民, 雷振民, 马翠霞. 2009. 不同土壤管理措施对山地核桃生长结果的影响. 陕西林业科技, (2): 58-59, 124.

关松萌, 张德生, 张志明. 1986. 土壤酶及其研究方法. 北京: 农业出版社.

郭传友, 黄坚钦, 方炎明. 2004. 山核桃研究综述及展望. 经济林研究, (1): 61-63.

郭传友, 黄坚钦, 王正加, 等. 2006. 大别山山核桃果实品质与土壤性质的相关分析. 经济林研究, (4): 19-22.

何方, 胡芳名. 2004. 经济林栽培学(第 2 版). 北京: 中国林业出版社.

何社发. 1998. 浅谈山核桃结实大小年产生的原因及对策. 安徽林业科技, (4): 3-5.

洪游游, 唐小华, 王慧. 1997. 山核桃林土壤肥力的研究. 浙江林业科技, (6): 1-8.

侯冬培, 习学良, 石卓功. 2007. 我国薄壳山核桃研究概况. 山东林业科技, (4): 53-55.

侯红波, 颜正良, 潘晓杰, 等. 2004. 立地条件对湖南山核桃产量与胸径的影响. 经济林研究, (2): 49-50.

黄昌勇. 2000. 土壤学. 北京: 中国农业出版社.

黄程鹏. 2013. 山核桃林土壤氮磷养分流失特征与控制技术研究. 杭州: 浙江农林大学硕士学位论文.

黄程鹏, 吴家森, 许开平, 等. 2012. 不同施肥山核桃林氮磷径流流失特征. 水土保持学报, 6(1): 43-46, 52.

黄坚钦, 夏国华. 2008. 图说山核桃生态栽培技术. 杭州: 浙江科学技术出版社.

黄坚钦, 章滨森, 陆建伟, 等. 2001. 山核桃嫁接愈合过程的解剖学观察. 浙江林学院学报, (2): 3-6.

黄鑫龙, 孟艳琼, 傅松玲, 等. 2014. 不同人工植被恢复模式对山核桃林地土壤理化性质的影响. 中国农学通报, 30(22): 64-68.

黄兴召, 黄坚钦, 陈丁红, 等. 2010. 不同垂直地带山核桃林地土壤理化性质比较. 浙江林业科技, 30(6): 27-31.

蒋雯, 黄程鹏, 姚宇清, 等. 2012. 山核桃林土壤养分渗漏动态变化规律研究. 浙江林业科技, 32(2): 18-22.

金志凤, 赵宏波, 李波, 等. 2011. 基于 GIS 的浙江山核桃栽植综合区划. 浙江农林大学学报, 28(2): 256-261.

寇建村, 杨文权, 韩明玉, 等. 2010. 我国果园生草研究进展. 草业科学, 27(7): 154-159.

黎章矩. 1964. 关于山核桃大小年的探讨. 浙江农业科学, 8: 415-420.

黎章矩, 钱莲芳. 1992. 山核桃科研成就和增产措施. 浙江林业科技, (6): 49-53, 29.

黎章矩, 夏逍鸿, 施拱生. 1982. 山核桃种间杂交试验研究. 浙江林学院科技通讯, (1): 44-53.

李宝华, 迟道兵, 陈红红, 等. 2007. 山核桃光合生理特性与产量的关系. 林业科技开发, (5): 34-37.

刘娟, 陈雪双, 吴家森, 等. 2015. 剔除杂草对山核桃林地土壤温室气体排放的影响. 应用生态学报, 26(3): 666-674.

鲁如坤. 1999. 土壤农业化学分析方法. 北京: 中国农业科技出版社.

骆咏, 傅松玲, 张良富, 等. 2008. 海拔高度对山核桃生长与产量的影响. 经济林研究, (1): 71-73.

吕惠进. 2005. 浙江临安山核桃立地环境研究. 森林工程, (1): 1-3, 6.

马俞高, 吴竹明. 2004. 浙江省果品特产地质背景初探. 中国地质, (S1): 104-111.

麦克拉伦 A.D., 波得森 G.H., 斯库金斯 J. 1984. 土壤生物化学. 闵九康等译. 北京: 北京农业出版社.

钱进芳. 2013. 生草栽培对山核桃林土壤微生物多样性的影响. 杭州: 浙江农林大学硕士学位论文.

钱进芳, 吴家森, 黄坚钦. 2014. 生草栽培对山核桃林地土壤养分及微生物多样性的影响. 生态学报, 34(15): 4324-4332.

钱莲芳. 1979. 山核桃种子贮藏方法试验. 浙江林业科技, (4): 39-40.

钱孝炎, 黄坚钦, 帅小白, 等. 2013. 临安市不同乡镇山核桃林地土壤理化性质比较. 浙江林业科技, 23(1): 73-77.

钱孝炎, 郑惠君, 赵伟明, 等. 2010. 山核桃林下优良绿肥品种的筛选研究. 华东森林经理, 24(3): 24-25.

钱尧林. 1984. 山核桃嫁接技术研究初报. 浙江林业科技, (1): 47-48, 46.

钱尧林, 程益鹏, 郑渭水. 1994. 山核桃嫁接新技术. 杭州科技, (4): 17.

裘希雅, 蒋玉根, 陈瑛, 等. 2014. 不同土壤环境对山核桃品质的影响. 浙江农业科学, (4): 588-591.

邵香君, 徐建春, 吴家森, 等. 2016. 山核桃集约经营过程中土壤微生物量碳氮的变化. 水土保持通报, 36(2): 72-75.

沈一凡. 2016. 土壤管理对山核桃土壤养分及生长的影响. 杭州: 浙江农林大学硕士学位论文.

沈一凡, 钱进芳, 郑小平, 等. 2016. 山核桃中心产区林地土壤肥力的时空变化特征. 林业科学, 52(7): 1-12.

盛卫星, 吴家森, 徐建春, 等. 2015. 不同经营年限对山核桃林地土壤轻重组有机碳的影响. 浙江农林大学学报, 32(5): 803-808.

宋明义, 陈文光, 斯小君, 等. 2008. 安吉县山核桃立地环境条件分析. 浙江林业科技, 28(06): 11-15.

孙广仁, 姚大地, 由士江. 2009. 山核桃青果皮对几种人类致病细菌的抑制作用. 东北林业大学学报, 37(1): 92-93.

汤仁发. 1980. 山核桃小年变大年的原因分析. 浙江林业科技, (4): 26.

唐菁, 杨承栋, 康红梅. 2005. 植物营养诊断方法研究进展. 世界林业研究, (6): 45-48.

王冀平, 李亚南, 马建伟. 1998. 山核桃仁中主要营养成分的研究. 食品科学, (4): 3-5.

王曼, 宁德鲁, 李贤忠, 等. 2010. 薄壳山核桃研究概况. 中国林副特产, (2): 84-86.

王艳艳, 赵伟明, 赵科理, 等. 2012. 海拔高度对山核桃林地土壤 pH 值和有效养分的影响. 现代农业科技, (17): 224-225, 231.

王莺, 陆荣杰, 吴家森, 等. 2017. 山核桃林坡地氮磷流失年动态规律初步研究. 浙江林业科技, 37(04): 77-81.

王云南. 2011. 浙江省典型经济林水土流失特征分析与防治措施优化设计. 杭州: 浙江大学硕士学位论文.

王正加, 黄兴召, 唐小华, 等. 2011. 山核桃免耕经营的经济效益和生态效益. 生态学报, 31(8): 2281-2289.

吴家富, 李运怀, 路玉林. 2008. 山核桃适宜种植区的划分及土壤地球化学特征. 安徽林业, (1): 41.

吴家森. 2014. 山核桃人工林土壤有机碳变化特征. 南京: 南京林业大学博士学位论文.

吴家森, 钱进芳, 童志鹏, 等. 2014. 山核桃林集约经营过程中土壤有机碳和微生物功能多样性的变化. 应用生态学报, 25(9): 2486-2492.

吴家森, 张金池, 黄坚钦, 等. 2013. 浙江省临安市山核桃产区林地土壤有机碳分布特征. 浙江大学学报(农业与生命科学版), 39(4): 413-420.

吴家森, 张金池, 钱进芳, 等. 2013. 生草提高山核桃林土壤有机碳含量及微生物功能多样性. 农业工程学报, 29(20): 111-117.

吴水丰, 陈芬芳. 2008. 水土保持工程保障山核桃产业可持续发展. 浙江林业, (5): 20-21.

夏为, 严江明, 朱爱国. 2007. 综合防治山核桃林地水土流失的技术研究. 浙江水利水电专科学校学报, (4): 70-72.

项步乾, 唐小华, 项瑜, 等. 2002. 山核桃秋播育苗试验. 林业科技开发, (6): 41-42.

徐江森. 2001. 昌化山核桃趣闻. 浙江林业, (6): 28-29.

颜晓捷. 2012. 生草栽培对山核桃林地土壤性质的影响. 杭州: 浙江农林大学硕士学位论文.

杨争. 2012. 临安市山核桃遥感估产研究. 杭州: 浙江农林大学硕士学位论文.

叶晶, 吴家森, 张金池, 等. 2014. 不同经营年限山核桃林地枯落物和土壤的水文效应. 水土保持通报, 34(3): 87-91.

叶茂富, 吴厚钧. 1965. 山核桃与薄壳山核桃杂交的研究. 林业科学, (1): 50-56.

叶仲节, 柴锡周. 1986. 浙江林业土壤. 杭州: 浙江科学技术出版社.

余琳, 陈军, 陈丽娟, 等. 2011. 山核桃投产林下套种绿肥效应. 林业科技开发, 25(3): 92-95.

余琳, 陈军, 方建华, 等. 2011. 山核桃幼树矮化效果初步研究. 浙江林业科技, 31(5): 74-76.

余晓. 2017. 土壤微生物性质及植物营养生理状况与山核桃干腐病的关系及其调控措施. 杭州: 浙江农林大学硕士学位论文.

张长虹, 黄云辉, 侯伯鑫, 等. 2005. 山核桃属植物在湖南的利用现状及发展对策. 湖南林业科技, (6): 78-80.

张娟. 2018. 不同经营模式山核桃林土壤微生物多样性差异. 杭州: 浙江农林大学硕士学位论文.

郑炳松, 刘力, 黄坚钦, 等. 2002. 山核桃嫁接成活的生理生化特性分析. 福建林学院学报, (4): 320-324.

中华人民共和国林业行业标准. 1999. 森林土壤分析方法. 北京: 国家林业局.

周秀峰, 张金林, 冯秀智, 等. 2017. 集约经营对山核桃林地土壤腐殖质组分碳含量的影响. 水土保持通报, 37(01): 67-71.

Huang J, Lu D, Li J, et al. 2012. Integration of remote sensing and GIS for evaluating soil erosion risk in Northwestern Zhejiang, China. Photogrammetric Engineering and Remote Sensing, 78(9): 935-946.

Lemunyon J L, Gilbert R G. 1993. The concept and need for a phosphorus assessment tool. Journal of Production Agriculture, 6(4): 483-486.

Wu J, Huang J, Liu D, et al. 2014a. Effect of 26 years of intensively managed *Carya cathmyensis* stands on soil organic carbon and fertility. The Scientific World Journal, (2):983-990.

Wu J, Jiang Z, Liu H. 2020. The Soil Quality Evolution of Chinese hickory Plantations. Beau Bassin: Scholars' Press.

Wu J, Lin H, Meng C, et al. 2014b. Effects of intercropping grasses on soil organic carbon and microbial community functional diversity under Chinese hickory (*Carya cathmyensis* Sarg.) stands. Soil Research, 52: 575-583.

Wu W, Lin, Fu W, et al. 2019. Soil organic carbon content and microbial functional diversity were lower in monospecific Chinese hickory stands than in natural Chinese hickory-broad-leaved mixed forests. Forests, 10(4): 357-369.